C.H.BECK ■ WISSEN

in der Beck'schen Reihe

W0069851

Fast alle Lebewesen leben direkt oder indirekt vom Licht. Aber obwohl Licht für uns das Selbstverständlichste der Welt ist, so ist doch die Frage nach seiner Natur ungleich schwieriger zu beantworten, wie nicht zuletzt die Geschichte seiner wissenschaftlichen Erforschung zeigt. Dieses Buch gibt einen gut verständlichen Überblick über die wichtigsten Kontroversen und Erkenntnisse über die Physik des Lichts. Es erläutert seine Eigenschaften und Erscheinungsformen, erklärt zentrale Anwendungsgebiete des Lichts in Wissenschaft und Technik und stellt die wichtigsten Entwicklungen und Ergebnisse der gegenwärtigen Forschung vor.

Thomas Walther ist Assistant-Professor an der Fakultät für Physik der Texas A&M University (USA). 1997 erhielt er den Michelson-Postdoctoral-Lectureship-Prize (CWR University, USA).

Herbert Walther ist Professor für Physik an der Universität München sowie Direktor des Max-Planck-Instituts für Quantenoptik in Garching. Für seine wissenschaftlichen Arbeiten erhielt er u. a. den Max-Born-Preis (Großbritannien), den King Faisal Prize (Saudi-Arabien), die Charles Townes Medal (USA), die Michelson-Medaille (USA) und die Stern-Gerlach-Medaille (Deutschland).

Thomas Walther
Herbert Walther

Was ist Licht?

Von der klassischen Optik
zur Quantenoptik

Verlag C. H. Beck

Mit 40 Abbildungen und 10 Farbtafeln

Die Deutsche Bibliothek – CIP-Einheitsaufnahme

Walther, Thomas:
Was ist Licht? : von der klassischen Optik zur Quantenoptik /
Thomas Walther ; Herbert Walther. – Orig.-Ausg. – München :
Beck 1999
   (C. H. Beck Wissen in der Beck'schen Reihe ; 2122)
   ISBN 3 406 44722 8

Originalausgabe
ISBN 3 406 44722 8

Umschlagentwurf von Uwe Göbel, München
© C.H.Beck'sche Verlagsbuchhandlung (Oscar Beck), München 1999
Gesamtherstellung: Kösel, Kempten
Gedruckt auf säurefreiem, alterungsbeständigem Papier
(hergestellt aus chlorfrei gebleichtem Zellstoff)
Printed in Germany

Inhalt

Vorwort 7

1. Im Licht der Geschichte 8
   1.1 Erste Anfänge der Optik 8
   1.2 Welle oder Teilchen – die große Streitfrage 10
   1.3 Die Wellengleichung – das letzte Wort? 14
   1.4 Die Quantenhypothese 15
   1.5 Auch Teilchen sind Wellen 16
   1.6 Wie entstehen elektromagnetische Wellen
       und Licht? 17

2. Klassisches Licht –
   Zusammenfassung der Eigenschaften und Phänomene 31
   2.1 Polarisation 32
   2.2 Brechung und Dispersion 34
   2.3 Beugung 44
   2.4 Kohärenz und Interferenz 46

3. Moderne Optik 53
   3.1 Der Laser 54
   3.2 Ultrakurze Lichtpulse 68
   3.3 Nichtlineare Optik 75
   3.4 Licht trägt Nachrichten 79
   3.5 Spektroskopie mit einzelnen Ionen 82
   3.6 Gravitationswelleninterferometer 88
   3.7 Andere Laseranwendungen 91

4. Quantenphänomene des Lichts – Quantenoptik 92
   4.1 Interferenzen einzelner Photonen 92
   4.2 Die Korrelation von Photonen 97
   4.3 Weiteres zur Quantenbehandlung des Lichts
       und die Interferenz von Licht verschiedener
       Lichtquellen 112
   4.4 Das Vakuum ist nicht leer 117

4.5 Nichtklassisches Licht 119
4.6 Experimente mit Photonenpaaren 126
4.7 Experimente mit verschränkten Photonen 128

5. Schlußbemerkung 133

6. Sachregister 135

Vorwort

In diesem Buch haben wir versucht, die wichtigsten Eigenschaften des Lichts und der damit verbundenen Phänomene, wie sie uns täglich begegnen, zusammenzustellen. Auch wird eine Auswahl der wichtigsten technischen Anwendungen angesprochen. Einen breiten Raum nimmt dabei natürlich der Laser ein und die neuen Möglichkeiten, die diese einzigartige Lichtquelle mit sich gebracht hat. Unter dem Einsatz des Lasers sind auch eine ganze Reihe neuer Untersuchungen zur Quantennatur des Lichts durchgeführt worden, die wiederum zum besseren Verständnis des Lichts selbst geführt haben. Es hat den Anschein, daß gerade die Quantenphänomene des Lichts in Zukunft in der Technik eine große Anwendung finden werden.

Wir hoffen, daß dieses Buch dazu beitragen wird, das Interesse an den Erscheinungen des Lichts zu wecken, und daß die Faszination, die die Autoren bei der Beschäftigung mit der Materie empfinden, sich auch auf den Leser übertragen wird. Wir wissen, daß einige der Dinge, die wir beschreiben, für Laien schwer verständlich sind. Wir haben uns bemüht, die schwierigen Zusammenhänge so einfach wie möglich zu erklären, ohne daß die wissenschaftlichen Tatsachen zu sehr auf der Strecke bleiben.

Die Autoren danken Frau Ingrid Hermann für die Herstellung vieler Abbildungen dieses Buches.

College Station und
München, im Mai 1999   *Thomas und Herbert Walther*

1. Im Licht der Geschichte

1.1 Erste Anfänge der Optik

Licht hat seit jeher die Menschheit beschäftigt und ihr Verhalten beeinflußt. Schon in der Genesis spielt Licht eine entscheidende Rolle. Licht als Gegensatz zur Finsternis gehört zu den religiösen Ursymbolen der Menschheit. Das Licht wird als der Lebenserwecker angesehen, der die Todesstarre der Natur in den dunklen Wintermonaten vertreibt. Die Frühjahrssonnenwende hat deshalb insbesondere bei Kulturen des Nordens immer eine große Rolle gespielt. Es ist sicher, daß Denkmäler wie Stonehenge bei Wiltshire in England (erbaut etwa 2000 v. Chr.) und Cornac in der Normandie, Frankreich, und die dort praktizierten Kultgewohnheiten mit diesem Ereignis in Zusammenhang standen.

Licht galt immer als Symbol des Lebens, während die Finsternis als unheilvoll angesehen wurde. Diese Vorstellungen sind in viele Religionen eingeflossen. Die Mythologie kennt Lichtgötter, die im Kampf mit den Mächten der Finsternis stehen. Als uraltes Kultsymbol wird das Licht in der Form des Feuers wie auch der Kerze als Mittel der Vertreibung der Dämonen angesehen und bei sakralen Handlungen verwendet. Es ist auch nicht verwunderlich, daß die Menschen im Rahmen ihrer Kulturgeschichte immer versucht haben das Licht und seine Eigenschaften zu verstehen und sich nutzbar zu machen.

Nach der Überlieferung waren viele Prinzipien des Lichts bzw. der Optik als der Lehre des Lichts bereits im Altertum bekannt. Es war insbesondere der griechische Mathematiker Euklid, der im 3. Jahrhundert vor Christus an der Platonischen Akademie in Alexandria wirkte und in seinem Werk über Optik wichtige Grundsätze der sogenannten geometrischen Optik beschrieben hat, die sich aus der geradlinigen Ausbreitung des Lichtes ergeben. Ein Beispiel dafür ist das Gesetz der Reflexion von Licht. Euklid als Geometriker brachte natürlich die mathematischen Grundlagen mit, diese fundamentalen Tatsachen der Optik zu beschreiben.

Der aus Sizilien stammende griechische Mathematiker Archimedes, der in Alexandria studierte und um 280 v. Chr. nach Syrakus zurückkehrte, soll durch eine Bündelung des Sonnenlichts mit großen Brennspiegeln Teile der Flotte der Römer vernichtet haben, als diese Syrakus erobern wollten. Archimedes hatte bei der römischen Belagerung auch andere Kriegsmaschinen wie Katapulte erfunden, mit denen schwere Steinblöcke auf die angreifenden Schiffe geworfen werden konnten, und Kräne, die unter Ausnutzung der von ihm formulierten Hebelgesetze von den Festungsmauern aus die Schiffe packen konnten. Die Belagerung endete im Herbst 212 v. Chr., als einige der Belagerten überliefen. Beim Sturm der Römer auf die Stadt wurde Archimedes, wie Plutarch berichtet, von einem römischen Soldaten erschlagen, dem er verboten hatte, sich Figuren zu nähern, die er bei seinen Überlegungen in den Sand gemalt hatte.

Ein weiteres Zeugnis des Optik-Wissens der Antike ist in einem Buch des griechischen Naturforschers Ptolemäus zusammengefaßt, der in Alexandria im 2. Jahrhundert nach Christus lehrte. Es behandelt die geometrischen Aspekte der Optik, einschließlich der Reflexion, im wesentlichen auf der Basis von Euklid und von Heron von Alexandria. Es schließt auch das Phänomen der Brechung des Lichtes zwischen Medien unterschiedlicher Dichte ein, wie z. B. bei Luft–Wasser oder Luft–Glas. Ptolemäus kommt zu den richtigen Ergebnissen, allerdings wird ein Gesetz für die Brechung noch nicht angegeben.

Der oben erwähnte Heron von Alexandria war ebenfalls Grieche und lebte im 1. Jahrhundert nach Christus. Seine Arbeiten wurden stark von denen des Archimedes beeinflußt. Heron hat sich in seinen optischen Arbeiten mit der Wegevermessung mit einem Instrument, „Dioptra" genannt, das eine Art Theodolit darstellte, beschäftigt. Darüber hinaus hat er sich in seinen Schriften auch viel mit Problemen der Mechanik und Pneumatik im Zusammenhang mit dem Geschützbau befaßt.

Das wichtigste Werk über Optik aus dem Mittelalter stammt von Ibn al-Haitham oder Alhazen, wie er mit lateinischem

Namen heißt. Er stammte aus Basra und lebte um 1000 n. Chr. in Kairo. Er beschreibt den Vorgang des Sehens wesentlich besser als alle seine Vorgänger, kannte die vergrößernde Wirkung von Linsen, die sphärische Aberration, behandelte parabolische Spiegel, konnte beweisen, daß das Licht des Mondes von der Sonne herrührt, beschrieb den Regenbogen, die atmosphärische Brechung und die scheinbare Vergrößerung von Himmelskörpern am Rande des Erdhorizonts. Seine Schriften waren zusammen mit denjenigen von Ptolemäus die Grundlagen der Optik bis ins 17. Jahrhundert. Danach setzte eine stürmische Entwicklung der Erkenntnisse der Optik ein, die teilweise mit einer besseren quantitativen Beschreibung der Phänomene zusammenhing, aber auch mit der Tatsache, daß die Herstellung der Linsen und die experimentelle Beobachtung als solche wesentlich verfeinert werden konnten. Wir wollen bei der geschichtlichen Betrachtung im folgenden nur noch auf diejenigen Schritte der Erkenntnis über das Licht eingehen, die für unsere spätere Diskussion von besonderem Interesse sind.

1.2 Welle oder Teilchen – die große Streitfrage

Ein wesentlicher Schritt zum Verständnis des Lichts war die Beobachtung der Interferenzerscheinungen. Ähnlich wie Wasserwellen folgt Licht dem Superpositionsprinzip, d.h., treffen zwei Wellen gleichzeitig an einem Ort ein, müssen die Amplituden addiert werden. Wenn Lichtstrahlen ausgehend von einem Ort zu einem Auffänger gelangen, dabei aber jeweils geringfügig unterschiedliche Wege und damit Weglängen durchlaufen, stellt man fest, daß die Fläche des Auffängers nicht gleichmäßig beleuchtet wird. Es treten helle und dunkle Stellen auf, die je nach der experimentellen Anordnung Ringe mit variablem Abstand oder parallele Streifen bilden. Die ersten Experimente dazu sind Anfang des 17. Jahrhunderts von dem Franzosen Robert Boyle und dem Engländer Robert Hooke durchgeführt worden. Eine Erklärung dieser Erscheinung legte nahe, daß, wie oben schon bemerkt, das Licht sich ähnlich einer Wasserwelle verhält. Es kommt dann je nach Wegunterschied der Wellen an einem betrachteten Punkt am Auffänger zu einer Auslöschung oder Verstärkung. Dies ist abhängig davon, ob Wellenberg und Wellental bzw. Wellenberg und Wellenberg zusammentreffen. Die daraus resultierende Interferenz wird in Abb. 1 erläutert. Als eigentlicher Begründer der Wellentheorie für das Licht ist der Holländer Christiaan Huygens anzusehen. In Analogie zu Wasserwellen und Schallwellen, die sich in einem Medium – Wasser bzw. Luft – fortpflanzen, dachte er sich als Träger der Lichtwellen einen alle Körper durchdringenden „Lichtäther" und sprach das später nach ihm benannte Prinzip aus, wonach jeder von der Lichterregung getroffene Punkt des Äthers als Zentrum einer neuen kugelförmigen Lichtwelle aufgefaßt werden muß. Die Sekundärwellen wirken dann so zusammen, daß ihre Überlagerung eine neue resultierende Wellenfront ergibt.

Eine alternative Theorie hat der Engländer Isaak Newton aufgestellt, die vielfach auch als Emissionstheorie bezeichnet wurde. Wegen der geradlinigen Ausbreitung sah er das Licht als einen Strom unwägbarer, schnell dahinfliegender Teilchen. Er konnte auf dieser Basis die Zerlegung des weißen Sonnenlichtes in einzelne Spektralfarben erklären. Dies waren Experimente, die er um 1672 durchgeführt hatte. Es war jedoch äußerst schwierig, mit seiner Teilchenhypothese die sogenannten Newtonschen Ringe, die aufgrund von Interferenzen an dünnen Schichten entstehen, zu erklären. Diese hatte ironischer Weise Newton selbst 1675 beobachtet. Mit seinen Vorstellungen lag er in Konkurrenz mit den Versuchen seines Landsmannes Robert Hooke, der ein Anhänger der Huygensschen Wellenhypothese des Lichtes war. Dies war dann auch der Grund, daß das Buch „Opticks" von Newton, das natürlich die Teilchentheorie favorisierte, erst nach dem Tode von Hooke im Jahre 1704 veröffentlicht wurde.

Newton war jedoch ein prominenter, hoch angesehener Physiker, der im Bereich der Mechanik der Massenpunkte Hervorragendes geleistet hatte. Mit der Gravitationstheorie hatte er die volle theoretische Fundierung der Beobachtungen

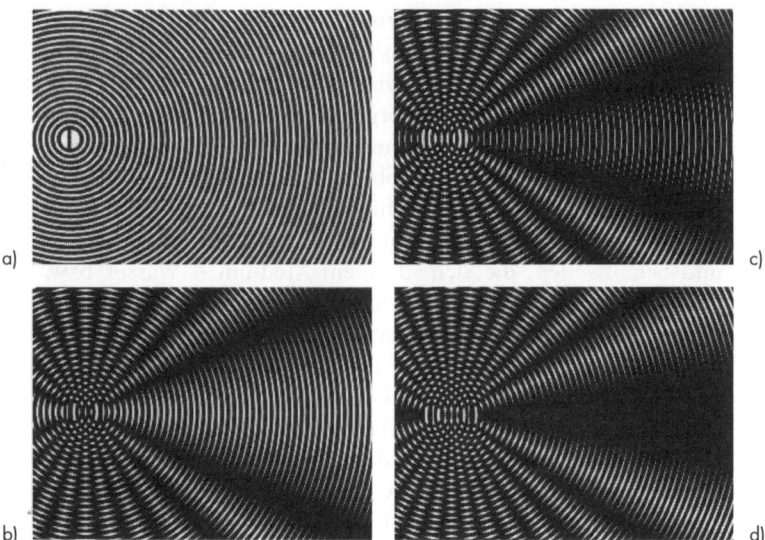

Abb. 1: (a) Veranschaulichung der Ausbreitung einer transversalen Welle. Die dunklen Ringe sollen die Wellenberge veranschaulichen. Das Bild muß als Momentaufnahme gesehen werden. Der Abstand zwischen den Mitten der dunklen Ringe (Wellenberge) entspricht der Wellenlänge der Welle; diese wollen wir mit dem griechischen Buchstaben λ bezeichnen. Das Bild entspricht der Aufnahme der Wellenfigur einer Wasserwelle, wenn ein Stein in einen ruhigen See geworfen wird. (b) Das Bild zeigt die Interferenz zweier identischer Wellen von (a), die von unterschiedlichen Zentren ausgehen. Bei den drei Bildern (b) bis (d) wird der Abstand zwischen den beiden Wellenzentren stetig größer (es handelt sich um eine Änderung von jeweils $\lambda/2$). Am rechten Rand jedes Bildes kann man sehr deutlich die Änderung der Interferenzstruktur sehen. Fällt Wellenberg (dunkle Streifen) mit einem Wellental zusammen, so kommt es zu einer Auslöschung der Intensität (1 d). Die genaue Interferenzfigur auf der rechten Seite hängt von der Form der Quelle ab. Ist die Quelle in der Richtung senkrecht zur Bildfläche ausgedehnt, d.h., handelt es sich um einen Schlitz, so entstehen Streifen senkrecht zur Zeichenebene. Bei einer Punktquelle, die gleichmäßig nach allen Richtungen strahlt, entstehen Ringe.

von Galilei und Kepler erbracht. Trotz der Verzögerung der Veröffentlichung wurde deshalb auch seiner Teilchentheorie des Lichtes vollstes Vertrauen entgegengebracht, was dazu geführt hat, daß die Wellentheorie für das Licht, die insbesondere von Christiaan Huygens in sehr konsequenter Weise entwickelt wurde, nur langsam akzeptiert wurde.

Es folgten jedoch viele durchschlagende Erfolge der Wellentheorie. Zu Beginn des 18. Jahrhunderts publizierte Thomas Young seine Ergebnisse zur Interferenz des Lichtes und zur Beugung (1802). Die Polarisation des Lichtes wurde durch Louis Malus entdeckt. Er beobachtete im Jahre 1808 eines Abends durch einen doppelbrechenden Kalkspat das Spiegelbild der Sonne in einem Fenster und fand, daß sich die beiden durch Doppelbrechung entstandenen Bilder bei Drehung des Kristalls um die Blickrichtung unterschiedlich veränderten; als Ursache hierfür erkannte er die Polarisation des Lichtes.

Detaillierte Erklärungen der Interferenzerscheinungen gelangen Fresnel und Fraunhofer, die unterschiedliche und für entgegengesetzte Grenzfälle gültige Betrachtungsweisen der Erscheinung angestellt hatten. Darüber hinaus haben beide die Optik noch in anderen Bereichen vorangebracht. Für Fraunhofer gilt dies mehr in technischer Hinsicht durch seine Entwicklung hervorragender Instrumente und der Atomspektroskopie, die sich in der Beobachtung der Fraunhofer-Linien niedergeschlagen hat. Als Fraunhofer-Linien werden kleinste Lücken im sonst kontinuierlichen Sonnenspektrum bezeichnet, die durch atomare Absorption genau dieses Lichtes in den äusseren Sonnenschichten zustande kommt. Trotz ihrer Feinheit blieben sie den Instrumenten Fraunhofers nicht verborgen. Fresnel erkannte, daß das Licht einer transversalen Schwingung entspricht, d.h., daß die Schwingungsrichtung senkrecht zur Ausbreitungsrichtung steht. Diese Erkenntnisse hat er aus Interferenzexperimenten mit polarisiertem Licht gewonnen, die 1817 publiziert wurden. Bis dahin hatte man angenommen, daß das Licht eine longitudinale Welle ist, wie dies vom Schall her bekannt war.

Fresnel gelang es auch, das Verhältnis von unterschiedlich polarisiertem Licht bei der Brechung und Reflexion an Grenzflächen zu erklären. Er gab damit die vollständige Deutung der Experimente von Malus. Er hatte mit seinen Überlegungen die Wellentheorie auf so sichere Grundlagen gestellt, daß es fast überflüssig erschien, als Leon Foucault und Louis Fizeau das entscheidende Experiment gegen die Teilchentheorie Newtons durchführten. Dieses ursprünglich von Dominique François Arago vorgeschlagene Experiment basiert auf der Tatsache, daß bei der Teilchentheorie Newtons die Brechung an einer Grenzfläche über die Anziehung der Lichtteilchen an der Übergangsfläche erklärt wird; dies führt zu einer Brechung zum optisch dichteren Medium hin mit der Konsequenz, daß die Lichtteilchen dann eine höhere Geschwindigkeit haben. Im Gegensatz dazu fordert die Wellentheorie nach dem Huygensschen Prinzip im optisch dichteren Medium eine kleinere Geschwindigkeit. Es gelang Foucault und Fizeau, die Lichtgeschwindigkeit in Luft und Wasser direkt zu messen und zu zeigen, daß in der Tat die Geschwindigkeit im Wasser kleiner ist – ein überzeugender Beweis zugunsten der Wellentheorie.

1.3 Die Wellengleichung – das letzte Wort?

Die Wellentheorie des Lichtes sollte noch von einer anderen Seite große Unterstützung erhalten. Im 19. Jahrhundert wurden detaillierte Experimente zum elektrischen Strom und den damit verbundenen Magnetfeldern durchgeführt. Michael Faraday an der Royal Institution in London untersuchte diese Phänomene ebenfalls und fand 1831, daß ein in einer Spule erzeugtes zeitlich variables Magnetfeld in einer zweiten Spule einen Strom hervorrufen konnte. Er fand damit das Induktionsgesetz. Ein elektrischer Strom erzeugte also ein Magnetfeld, aber ebenso konnte ein zeitlich variables Magnetfeld auch zu einem Strom führen. Zeitlich veränderlicher Magnetismus konnte also in elektrischen Strom umgewandelt werden. Eine wichtige Voraussetzung, um das Wechselspiel zwischen elektrischen und magnetischen Feldern zu vervollständigen, das bei der Ausbreitung einer elektromagnetischen Welle eine Rolle spielt. Faraday hat sehr schlüssige Experimente durchgeführt, konnte jedoch seine Ergebnisse nicht in mathematische Formeln übertragen. Dies blieb dann James Clerk Maxwell vorbehalten, der die vollständige mathematische Formulierung der Gesetze 1873 publizierte. Diese Maxwellschen Gleichungen ergaben die Ausbreitungsgeschwindigkeit einer elektromagnetischen Welle auf der Basis von Konstanten, die unabhängig aus anderen Experimenten bestimmt werden konnten. Die daraus errechnete Geschwindigkeit einer elektromagnetischen Welle stimmte mit der Lichtgeschwindigkeit überein, woraus gefolgert werden konnte, daß Licht ebenfalls eine elektromagnetische Welle ist.

1.4 Die Quantenhypothese

Der direkte Nachweis der elektromagnetischen Wellen gelang dann 1888 durch Heinrich Hertz. Damit hatte die Wellentheorie einen scheinbaren Abschluß gefunden und sich gegen das Teilchenbild durchgesetzt. Man konnte alle Erscheinungen erklären, die mit der Ausbreitung der Wellen zusammenhängen. Das Wellenbild versagt allerdings, wenn man Absorptions- und Emissionsvorgänge von Atomen betrachtet. Die Methoden der klassischen Physik reichten dazu nicht mehr aus, so daß eine Erweiterung notwendig war, die durch Max Planck 1900 mit der Einführung der Quantenhypothese vorgenommen wurde.

Die Quantenhypothese besagt, daß ein elektrisch schwingendes System seine Energie nicht kontinuierlich an ein elektromagnetisches Feld abgibt oder von ihm aufnimmt, sondern diskontinuierlich, in endlichen Beträgen oder Quanten, deren Größe proportional der Frequenz ν der Strahlung, d.h. $E = h\nu$ ist. Die dabei eingeführte Plancksche Konstante h ist eine grundlegende Größe der neuen Physik. Durch diesen Ansatz ist die Emissionstheorie des Lichtes von Newton in einer neuen Form wiedererweckt worden. Es war Albert Einstein, der 1905 bei der Erklärung des Photoeffektes die Planckschen Energiequanten als Lichtteilchen, später Photonen genannt, wieder einführte. Damit war das Licht als elektromagnetische Welle einerseits und als Photonen andererseits zu beschreiben, und es hängt von der jeweiligen experimentellen Anordnung ab, ob

Welle oder Teilchen in Erscheinung tritt. Mit dieser Erweiterung der klassischen Physik sind gleichzeitig auch viele neue Fragen aufgetaucht, die uns in diesem Buch beschäftigen werden. Die neuen Experimentiertechniken, die insbesondere in den letzten Jahren entwickelt wurden, lassen vieles in neuem Licht erscheinen. Dies wird der Hauptgegenstand dieses Buches sein.

1.5 Auch Teilchen sind Wellen

Die von Planck eingeführten Energiequanten oder Photonen besitzen keine Masse im „Ruhezustand". Durch das in der Allgemeinen Relativitätstheorie von Einstein gefundene Energie-Masse-Äquivalent ist jedoch dem Photon eine Masse zuzuordnen, die dazu führt, daß Lichtstrahlen in starken Gravitationsfeldern abgelenkt werden. Diese von der Allgemeinen Relativitätstheorie vorhergesagte Ablenkung war eine der wichtigsten Beweise für die Einsteinsche Theorie in den zwanziger Jahren.

Eine neue Überraschung ergab sich in der Entwicklung der Physik, als im Jahre 1919 die amerikanischen Physiker Davisson und Germer Interferenzphänomene mit Elektronen an Kristallgittern beobachteten; ein Verhalten, das eigentlich nur bei Wellen auftreten konnte. Es wurde damit klar, daß einem Teilchen eine Welle zugeordnet werden mußte, wobei die Wellenlänge nach der vom französischen Physiker Louis de Broglie aufgestellten Hypothese durch $\lambda = h/p$ gegeben wird, wobei p der lineare Impuls des Teilchens bedeutet. Die Wellenlänge ist also umgekehrt proportional der Geschwindigkeit und der Masse des Teilchens. Diese von de Broglie geforderte Äquivalenz hat dann zur Einführung der Wellenmechanik durch Schrödinger und Dirac geführt, die unsere Vorstellungen von der atomaren und molekularen Welt weiter vertieft hat. Die der De-Broglie- oder Materiewelle entsprechende Wellenlänge ist im allgemeinen sehr viel kleiner als die des sichtbaren Lichtes. Erst wenn Atome bei sehr tiefen Temperaturen, d.h. bei kleinen Geschwindigkeiten, beobachtet werden, erreicht man vergleichbare Wellenlängen. Aus diesem Grunde können mit Hilfe der Beugung und Interferenz mit Materiewellen sehr feine Kristallstrukturen untersucht und entschlüsselt werden. Insbesondere ist die Beugung von neutralen Teilchen an Festkörpern für solche Strukturuntersuchungen von Vorteil. Dies ist eine der wichtigen Anwendungen von Neutronen, die in Kernreaktoren erzeugt werden.

In den letzten Jahren ist es gelungen, Atome durch Laserlicht auf sehr tiefe Temperaturen zu kühlen, d. h., eine große Zahl von Atomen abzubremsen, so daß sie praktisch alle die gleiche langsame Geschwindigkeit besitzen. Die dabei erreichten Wellenlängen der Materiewelle sind vergleichbar mit der Lichtwellenlänge, so daß gerade in den letzten Jahren sehr viele Untersuchungen auf dem Gebiet der Atominterferometrie durchgeführt wurden. Die dabei verwendeten Anordnungen sind ganz ähnlich zu den Anordnungen, die bei der Interferenz von Licht verwendet werden und die wir später noch diskutieren werden.

1.6 Wie entstehen elektromagnetische Wellen und Licht?

In diesem Kapitel gilt es die Frage zu beantworten, wie elektromagnetische Wellen und insbesondere Licht erzeugt werden können. Wenn von Licht die Rede ist, so wird im allgemeinen nur auf den sichtbaren Teil des elektromagnetischen Spektrums Bezug genommen. Das sichtbare Licht macht nur einen geringen Anteil des Gesamtspektrums der elektromagnetischen Wellen aus, wie aus Abb. 2 entnommen werden kann. Er umfaßt den Bereich von 400 bis etwa 800 Nanometer oder kurz nm. Nanometer ist die physikalische Einheit, in der üblicherweise die Wellenlänge von Licht gemessen wird. Ein Nanometer ist ein Millionstel eines Millimeters oder 10^{-9} m. Den Wellenlängen können Farben, die Spektralfarben, zugeordnet werden. Um 450 nm sehen wir Licht als blau, um 530 nm als grün und um 630 nm schließlich als rot. Andere Farben wie zum Beispiel braun entstehen durch Mischen der reinen Spektralfarben. Kürzere Wellenlängen als 400 nm wer-

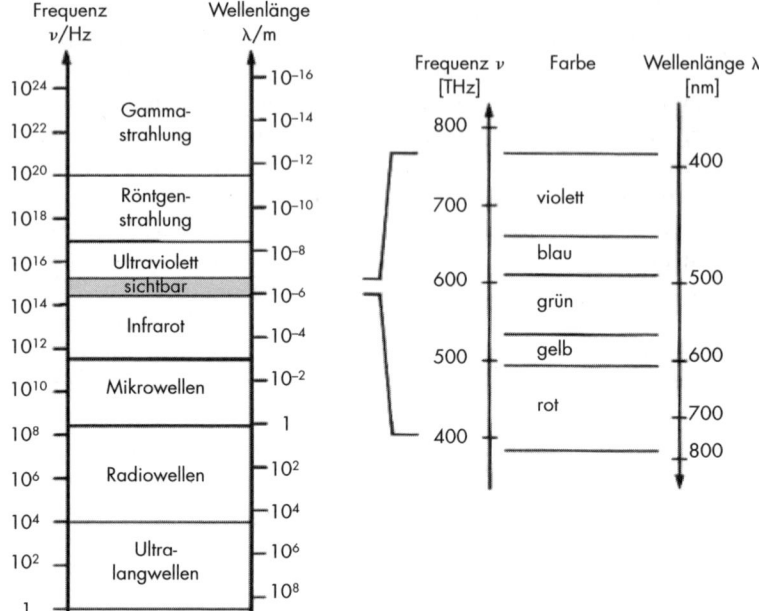

Abb. 2: Spektrum der elektromagnetischen Wellen. Die Erzeugungsprozesse der Strahlung unterscheiden sich in den verschiedenen Bereichen. Elektromagnetische Wellen in den Bereichen der Mikro-, Radio- und Ultralangwellen werden mit elektrischen Schwingungskreisen erzeugt, während die kurzwellige γ-Strahlung vorwiegend durch Strahlungsprozesse in Atomkernen bzw. bei Kernreaktionen entsteht. Im Röntgenbereich erfolgt die Strahlungserzeugung durch Abbremsen von Elektronen in der Nähe von Atomkernen bzw. durch Anregung von Elektronen in Schalen sehr nahe am Atomkern. Der sichtbare Bereich ist auf der rechten Seite vergrößert dargestellt. In diesem Bereich entsteht das Licht vorwiegend durch Emissionsprozesse der Atome und Moleküle. Es werden dabei die Elektronen in den äußeren Elektronenschalen angeregt.

den als ultra-violett bezeichnet. Sie sind jenseits der Farbe blau des Spektrums. Noch weiter im „Blauen" befinden sich die Bereiche des Vakuum-Ultraviolett, der Röntgenstrahlen und der Gammastrahlen. Längere Wellenlängen jenseits 780 nm werden als infra-rot bezeichnet. Noch weiter im „Roten" nehmen wir die Wellen nur mehr als Wärme wahr. In diesem

Wellenlängenbereich „leuchtet" jeder Körper mit einer Temperatur bei Zimmertemperatur oder darüber. Aufgrund dieser Abstrahlung kann mit entsprechenden infrarotempfindlichen Geräten ein Nachweis erfolgen. Nachtsichtgeräte, die vorwiegend für militärische Zwecke eingesetzt werden, nutzen diese Abstrahlung des menschlichen Körpers und aller Körper im infraroten Bereich aus. Diese Spezialkameras machen diesen Spektralbereich gesondert sichtbar. Noch weiter im „Roten" befinden sich schließlich Mikrowellen und Radiowellen.

Die Entstehung einer elektromagnetischen Welle im Radiowellen-Bereich wollen wir uns mit Hilfe der Experimente, die Heinrich Hertz am Ende des letzten Jahrhunderts durchgeführt hat, klarmachen. Diese Vorgänge sind sehr anschaulich und demonstrieren die wesentlichen Fakten einer elektromagnetischen Welle. Hertz hat bei seinen Versuchen einen Metallstab von rund 30 cm Länge und wenigen Millimetern Durchmesser in elektrische Schwingungen versetzt. Zu diesem Zweck muß man an einem Ende für eine sehr kurze Dauer eine Ladung aufbringen. Dies geschah durch eine Funkenentladung. Hierdurch entsteht eine Spannung zwischen den beiden Enden des Stabes, die ein elektrisches Feld hervorruft, in dem Energie gespeichert ist. Die durch die Funkenentladung an einer Seite aufgebrachte Ladung gleicht sich dann im Stab aus. Dabei muß ein Strom fließen, der zu einem Magnetfeld führt. Dieses hat seinen Maximalwert, wenn der Stromfluß maximal ist. In diesem Moment ist die gesamte Energie, die durch das ursprüngliche Aufbringen der Ladung im elektrischen Feld gespeichert worden ist, in ein Magnetfeld übergegangen. Durch Induktion sorgt dann das abfallende Magnetfeld dafür, daß der Strom im Stab weiterfließt und sich jetzt eine Spannung in umgekehrter Richtung aufbaut. Der Dipol führt also eine elektrische Schwingung aus. Zunächst ist eine Spannung vorhanden, die gesamte Energie befindet sich im elektrischen Feld. Diese Spannung führt zu einem Strom und zu einem Magnetfeld, das dann eine Spannung in entgegengesetzter Richtung induziert. Die magnetische Energie wird dabei wieder in Energie des elektrischen Feldes umgewandelt, jetzt jedoch mit entgegengesetter Polarität. Dieser Vorgang wiederholt sich dann in umgekehrter Richtung und so weiter. Die Energie wird dabei periodisch zwischen elektrischem und magnetischem Feld ausgetauscht. Nach einem Maximum des elektrischen Feldes entsteht dann nach einer Viertelperiode ein Maximum des Magnetfeldes und danach wieder nach einer Viertelperiode ein maximales elektrisches Feld mit umgekehrter Polarität.

Heinrich Hertz konnte durch seine Versuche zeigen, daß der Dipol elektromagnetische Wellen abstrahlt, die von einem zweiten Dipol gleicher Länge in größerem Abstand wieder aufgefangen und nachgewiesen werden konnten. Die Abstrahlung ist in Abb. 3 für die elektrischen Feldlinien erläutert. Gezeigt ist in der Abbildung das Nahfeld des Dipols. In größerer Entfernung vom Dipol stehen dann elektrisches Feld und Magnetfeld senkrecht zueinander. Der oben beschriebene Dipol hat seine Grundschwingung für eine Wellenlänge der elektromagnetischen Welle, die doppelt so groß ist wie der Dipol selbst. Genau wie bei einer schwingenden Saite eines Musikinstrumentes können jedoch auch Wellen mit kürzerer Wellenlänge, die den Oberschwingungen des Dipols entsprechen, abgestrahlt werden. Die Feldbilder sind dann jedoch komplizierter als in Abb. 3 für den $\lambda/2$-Dipol.

Der Dipol stellt sehr anschaulich einen elektromagnetischen Oszillator dar. Zur Erzeugung und Abstrahlung von elektromagnetischen Schwingungen ist er besonders für Wellenlängen im Bereich von Zentimetern bis Metern geeignet. Wir kennen die Dipolantennen vom Bereich der Ultrakurzwellen (UKW) im Hörfunkbereich oder vom Fernsehen (VHF und UHF, very high frequency und ultra-high frequency Bereiche).

Wenn man zu noch kürzeren Wellenlängen übergeht, etwa unterhalb von einem Zentimeter, dann lassen sich die Schwingungen in Dipolen sehr schwer erzeugen. In diesem Wellenlängenbereich werden dann bevorzugt leitende Hohlräume als elektrische Oszillatoren eingesetzt. Noch kürzere Wellen, insbesondere im sichtbaren Wellenlängenbereich, sind dann die Domäne der Moleküle oder Atome, entweder in einem Festkörper oder als freie Teilchen.

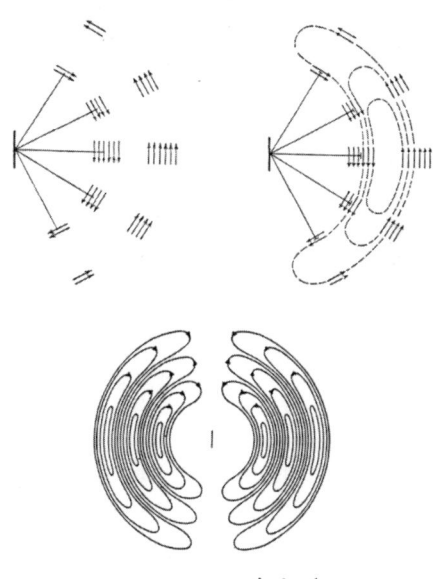

|←λ→|

Abb. 3: Abstrahlung einer elektromagnetischen Welle durch einen Dipol in der Grundschwingung. (Die Länge des Dipols entspricht der Hälfte der Wellenlänge.) Gezeigt sind wegen der leichteren Übersicht nur die elektrischen Feldlinien des schwingenden Dipols. Im oberen Teil ist gezeigt, wie sich die Feldlinien vom Dipol ablösen und im Außenbereich nach einer Halbperiode schließen. Die Magnetfeldlinien entsprechen Kreisen um den Dipol. Sie sind dann maximal, wenn das elektrische Feld beim Polaritätswechsel durch null geht. Im unteren Teil des Bildes sind die Feldlinien für eine volle Periode gezeigt. Der Maßstab im oberen und unteren Teil des Bildes ist verschieden. Die Länge einer Wellenlänge ist im unteren Bild eingezeichnet.

Wir wollen uns nunmehr den dort wichtigen Strahlungserzeugungsprozessen zuwenden, wobei wir sehen werden, daß das Bild eines strahlenden Dipols übertragen wird, obwohl die Abmessungen eines Atoms viel kleiner sind als die Wellenlänge des sichtbaren Lichts (Atomdurchmesser ist in der Größenordnung von 0.1 nm, während sichtbares Licht eine Wellenlänge von 500 nm im grünen Spektralbereich hat).

Wie aber entsteht nun Licht? Wir wollen zunächst die Lichtquellen, die als Temperaturstrahler bezeichnet werden, diskutieren.

Wie von täglicher Beobachtung bekannt, glühen heiße Objekte, wie etwa eine heiße Herdplatte oder die Spitze eines Kerzendochtes rot. Heiße Objekte geben also Licht ab. Je heißer ein Objekt ist, destó größer wird der Lichtanteil im sichtbaren Bereich. Bei etwa 6000 °C befindet sich das Maximum der abgegebenen Strahlung gerade im sichtbaren Bereich des elektromagnetischen Spektrums. Dies entspricht auch etwa der Oberflächentemperatur der Sonne. Wird der Körper kälter, so verschiebt sich das Maximum immer mehr in den roten Spektralbereich. Er sendet vorwiegend rotes Licht aus, d.h., er glüht rot. Mit fallender Temperatur wird der Anteil des Spektrums, der vom Menschen gesehen werden kann, immer geringer. Ein Heizkörper in unserer Wohnung etwa, der eine Temperatur von rund 50 °C hat, strahlt deshalb ausschließlich im längerwelligen infraroten Spektralbereich ebenso wie unser eigener Körper mit einer Temperatur von etwa 37 °C. In Abb. 4 sind die Spektren eines Temperaturstrahlers zusammengestellt. Man kann deutlich die Verschiebung des Maximums in Abhängigkeit von der Temperatur erkennen.

Die im täglichen Gebrauch eingesetzten Lichtquellen unterscheiden sich meistens in ihrer Temperatur und damit in ihrer spektralen Verteilung, d.h. durch die Verteilung der Wellenlängen, die darin enthalten sind. Die meistens eingesetzte Glühbirne sendet z.B. im gesamten sichtbaren Wellenlängenbereich Licht aus. Es ist das Bestreben, das Licht der Glühbirnen weitgehend an die Verteilung des Sonnenlichts anzupassen, damit das künstliche Licht möglichst genau dem Tageslicht entspricht, so daß wir bei künstlicher Beleuchtung unter gleichen oder zumindest ähnlichen Bedingungen arbeiten wie bei Tageslicht. Farben sollten bei künstlicher Beleuchtung ähnlich aussehen wie im Sonnenlicht.

Wie kommt das Licht in der Glühbirne zustande? Der Glühdraht wird mit elektrischem Strom auf eine hohe Temperatur von etwa 2000 °C aufgeheizt. Die Temperatur muß natürlich

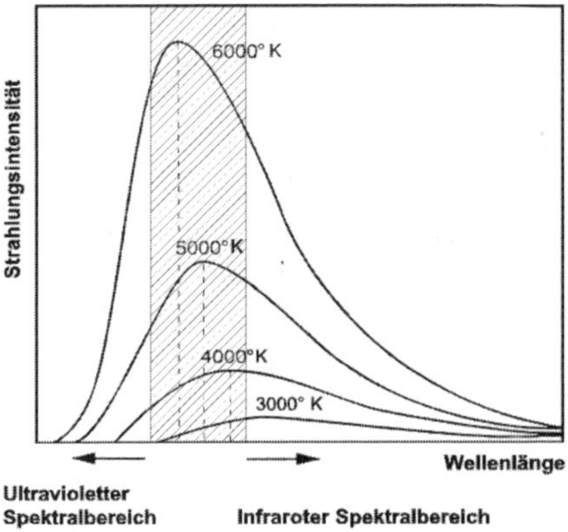

Abb. 4: Spektrum eines Temperaturstrahlers. Der sichtbare Bereich des elektromagnetischen Spektrums ist schraffiert gezeichnet.

unterhalb der Schmelztemperatur des Wolframdrahtes liegen, aus dem meistens der Glühdraht gefertigt ist. Unter diesen Bedingungen zeigt das ausgesandte Spektrum eine Verteilung, die ein Maximum bei einer Wellenlänge im nahen infraroten Spektralbereich hat, aber eben auch Licht im sichtbaren Bereich aussendet. Da die Temperatur jedoch niedriger als die der Sonne ist, erscheint eine Glühbirne etwas „rötlicher" als Sonnenlicht.

Die genaue Spektralverteilung der Temperaturstrahler (Abb. 4) hat Ende des 19. Jahrhunderts die Physiker sehr bewegt. Man hat versucht, ihr Spektrum zu berechnen und mit den experimentellen Beobachtungen in Einklang zu bringen. Man spricht in diesem Zusammenhang immer von der Strahlung eines schwarzen Körpers. Dieser hat die Besonderheit, daß seine Oberfläche die auftreffende Strahlung vollständig absorbiert. Sein Spektrum unterscheidet sich geringfügig von einem normalen Temperaturstrahler. Diesen Unterschied brauchen wir hier nicht zu betrachten. Die Strahlungsverteilung, die man auf der Basis der thermodynamischen Gesetze berechnet hat, stieg jedoch zum blauen und ultravioletten Spektralbereich hin kontinuierlich an, während die Experimente ergeben hatten, daß die Spektralverteilung ein Maximum besaß und zu hohen

Frequenzen abfiel. Der Grund für den Anstieg lag darin, daß die Strahlungsdichteverteilung für hohe Frequenzen, d. h. für kleine Wellenlängen, anwächst, da für Strahlung mit kleinerer Wellenlänge die Anzahl der charakteristischen Eigenschwingungen in einem Körper zunimmt. Es passen mehr Schwingungen in ein bestimmtes Volumen, wenn die Wellenlänge kleiner ist. Nach den klassischen thermodynamischen Gesetzen muß jeder Eigenschwingung die gleiche Energie zugeschrieben werden, was dann zu der oben beschriebenen Ultraviolett-Katastrophe führte, wie der Anstieg des Spektrums auf der kurzwelligen Seite genannt wurde.

Wie bereits angedeutet, wurde die Diskrepanz von Max Planck aufgelöst, indem er annahm, daß die Strahlungsenergie quantisiert ist. Die Energie eines Quants wächst proportional mit der Frequenz und ist durch $E = h\nu$ gegeben, wobei h die schon eingeführte Naturkonstante, die Plancksche Konstante, ist. Aus der Quantenhypothese folgt, daß für die Anregung eines Photons im kurzwelligen Bereich eine größere Energie notwendig ist als im langwelligen Bereich. Es werden deshalb durch die Wärmeenergie im Festkörper weniger Energiequanten im kurzwelligen Wellenlängenbereich angeregt als bei langen Wellen, was zu einem Abfall der Spektralverteilung führt. Hiermit konnte mit Hilfe der Quantenhypothese die experimentell gefundene Strahlungsverteilung erklärt werden. Durch Vergleich der Theorie mit dem Experiment gelang es dann schließlich, den Wert der Planckschen Konstanten h zu ermitteln. Planck hat mit seiner revolutionären Annahme nicht nur das Spektrum der Temperaturstrahler erklärt, sondern auch mit seiner Hypothese, die die Physik im angehenden 20. Jahrhundert beherrscht hat, eine neue Ära der Physik eingeleitet. Auf der Basis der Energiequantisierung konnten dann viele weitere physikalische Phänomene erklärt werden.

Eines der Phänomene, die unmittelbar im Anschluß an die Entdeckung Plancks gedeutet werden konnten, war der Photoeffekt. Bei seinen Versuchen zu den elektromagnetischen Wellen hatte Heinrich Hertz bei der Aufladung eines Dipols durch die Funkenstrecke bemerkt, daß diese wesentlich besser zündet, wenn ultraviolettes Licht die Elektroden bestrahlt. Der Grund dafür lag in der Tatsache, daß durch das Licht Elektronen aus dem Metall freigesetzt werden. Mit weiteren Experimenten im Anschluß an die Versuche von Hertz hat dann Hallwachs 1888 diesen Effekt quantitativ untersucht und ein Ergebnis gefunden, das auf der Basis der klassischen Vorstellungen schwer zu erklären war: die Energie der durch Licht ausgelösten Elektronen hängt nicht von der Intensität des eingestrahlten Lichts ab, jedoch von dessen Spektralfarbe. Nach der klassischen Physik besteht ein Zusammenhang zwischen der Intensität einer elektromagnetischen Welle und deren elektrischer Feldstärke. Nach der klassischen Physik müßte man deshalb erwarten, daß die Elektronen schneller werden, wenn die Intensität zunimmt, was nicht der Fall war. Die Experimente von Hertz und Hallwachs haben dagegen gezeigt, daß eine Erhöhung der Intensität lediglich zu einer größeren Zahl von Photoelektronen führt.

Die Erklärung kam 1905 von Einstein, basierend auf der Quantenhypothese. Hiernach wird die Energie eines Strahlungsquants, von Einstein Lichtquant genannt, auf ein Elektron übertragen. Beim Verlassen des Metalls wird die Energie des Elektrons dann allerdings um einen Wert vermindert, der seiner Bindungsenergie im Metall entspricht. Hiermit konnte er die Frequenzabhängigkeit der Elektronenenergie erklären, da die Energie eines Lichtquants proportional zu seiner Frequenz ist. Ein Lichtstrahl mit mehr Intensität enthält mehr Lichtquanten pro Zeiteinheit, d. h, es können mehr Elektronen freigesetzt werden, was die Intensitätsabhängigkeit erklärte. Für die Einsteinschen Lichtquanten wurde dann in den zwanziger Jahren der Begriff Photon eingeführt. Einstein hat sich damals die Lichtquanten als lokalisierte Teilchen im Sinne Newtons vorgestellt.

Ein weiterer Erfolg der Quantenhypothese ergab sich dann im Zusammenhang mit dem Modell des Wasserstoffatoms, das wir als nächstes im Zusammenhang mit der Lichterzeugung ansprechen wollen.

Neben dem kontinuierlichen Spektrum eines Temperaturstrahlers, das wir oben diskutiert haben, gibt es auch Linienspektren, die in erster Linie in Spektren von Gasen bei geringem Druck beobachtet werden, unter Bedingungen, bei denen sich die Atome nicht gegenseitig durch Stöße stören. Beispiele hierfür sind die bekannten bunten Entladungsröhren, die meistens zu Reklamezwecken hergestellt werden. Wie entsteht das Licht in diesem Fall? Die Atome sind unter diesen Bedingungen weiter entfernt voneinander und stören sich nicht gegenseitig wie dies in einem Festkörper der Fall ist. Deshalb bestimmt die charakteristische Struktur des Atoms das emittierte Spektrum.

Die Spektren von Atomen waren bekannt seit der Zeit, als Fraunhofer die charakteristischen Absorptionsspektren im Sonnenspektrum beobachtet hat. Später haben dann Kirchhoff und Bunsen die Spektren zur Bestimmung der Zusammensetzung von Proben herangezogen und damit die Spektralanalyse begründet. Es gelang, durch sorgfältige Vermessung und Auswertung der Spektren, in einigen Fällen die Wellenlängen der Spektrallinien durch empirische Formeln zu beschreiben. Dies war insbesondere für das leichteste und einfachste Atom, den Wasserstoff, der Fall.

Auf diese empirischen Daten konnte Bohr 1913 zurückgreifen, als er das Modell des Wasserstoffatoms entwickelte. Die Grundlagen dieses Modells waren neben der Quantenhypothese einige weitere revolutionäre Annahmen, die über die klassische Physik und alle früheren Versuche, ein Atommodell aufzustellen, hinausgingen.

Die Postulate von Bohr waren: Das Elektron des Wasserstoffatoms bewegt sich auf Kreisbahnen. Im Gegensatz zur klassischen Physik sind jedoch nur bestimmte Bahnen erlaubt. Die Übergänge oder Sprünge der Elektronen von einer Bahn in eine andere führen zur Erzeugung oder Vernichtung eines Photons, je nachdem, ob das Elektron auf eine Bahn mit niederer Energie oder höherer Energie übergeht. Dies ergibt die beobachteten Spektrallinien; dabei entspricht die Energiedifferenz zwischen zwei Bahnen der Planckschen Beziehung $E = h\nu$.

Diese Annahme von Bohr steht im krassen Gegensatz zur klassischen Physik, nach der ein Elektron, das auf einer Kreisbahn läuft, Strahlung emittieren müßte, da es in der Kreisbewegung konstant eine Beschleunigung erfährt. Diese Beschleunigung ist notwendig, um das Elektron auf der Kreisbahn zu halten, da es sonst tangential zur Bahn wegfliegen würde. Die theoretische Behandlung eines schwingenden Dipols hat gezeigt, daß beschleunigte oder auch verzögerte Elektronen strahlen. Nach der klassischen Physik müßte ein umlaufendes Elektron konstant Energie abstrahlen und deshalb immer näher an den Atomkern herankommen, es würde also auf einer Spiralbahn auf den Atomkern zulaufen.

Eine weitere weniger revolutionäre Annahme von Bohr war, daß das Atom im Grenzfall sehr hoher Anregung klassische Eigenschaften zeigen muß. In diesem Fall unterscheiden sich die Energieabstände der atomaren Niveaus nur noch um sehr geringe Beträge, so daß die Energie als quasi kontinuierlich, d.h. klassisch, angesehen werden muß. In diesem Fall ist ferner die Umlauffrequenz des Elektrons identisch mit der Übergangsfrequenz zwischen benachbarten Zuständen. Eine Folge dieses stetigen Übergangs in die klassische Physik ist, daß die diskreten Bahnen einen quantisierten Drehimpuls haben, der durch Vielfache von $h/2\pi$ gegeben ist. Die Plancksche Konstante spielt beim Atommodell noch eine zusätzliche Rolle, da sie neben der Quantisierung der Energie auch noch die Einheit des Drehimpulses im atomaren Bereich angibt. Die gleiche Drehimpulseinheit gilt übrigens auch für Moleküle und deren Rotation, wie später in der Quantenbehandlung für Moleküle herausgefunden wurde.

Das Bohrsche Atommodell hat das Spektrum des einfachsten Atoms in den wesentlichen Grundzügen beschrieben. Es wurden später noch eine Reihe von Verbesserungen an dem Modell vorgenommen, um die immer genauer werdenden Experimente erklären zu können. Die Diskussion dieser Verfeinerungen kann hier jedoch nicht erfolgen. Für uns ist es nur wichtig festzustellen, daß die Emission und Absorption von Licht aufgrund von Quantensprüngen in Atomen erfolgt.

Damit Licht emittiert werden kann, muß das Atom zuerst in den angeregten Zustand gebracht werden. Dies kann in einer Entladung bei vermindertem Druck durch Stöße mit Elektronen, die durch die Entladungsröhre fließen, geschehen. Es ist jedoch auch möglich, daß die Anregung mit Licht aus einem tieferen Zustand erfolgt. Diesen Vorgang nennt man Absorption. Die Wahrscheinlichkeit für die Absorption hängt dabei von der eingestrahlten Intensität ab: sie nimmt mit zunehmender Intensität zu. Anders ist es beim Zerfall aus einem angeregten Zustand in einen tieferen. Der Prozeß heißt spontan, da es sich nicht voraussagen läßt, wann die Emission genau erfolgt; es kann lediglich eine mittlere Verweilzeit oder Lebensdauer des Atoms im angeregten Zustand angegeben werden. Auf die Möglichkeit, den spontanen Zerfall zu beeinflussen, werden wir in einem der späteren Kapitel noch näher zu sprechen kommen. Ein Rezept dafür gibt die moderne Quantenbehandlung des Strahlungsfeldes.

Außer der spontanen Emission gibt es auch den Prozeß der stimulierten Emission. Trifft ein Photon mit der richtigen Energie auf ein angeregtes Atom, kann dies zu einem beschleunigten Übergang des Atoms in einen Zustand niedrigerer Gesamtenergie führen. Das dabei entstehende zusätzliche Photon hat dabei die Richtung und Energie des ankommenden. Dieser Prozeß ist sehr wesentlich beim Laser, da er zur Verstärkung des eingestrahlten Lichtes führt, wenn genügend angeregte Atome vorhanden sind. Die stimulierte Emission ist analog zur Absorption. Die Wahrscheinlichkeit für einen stimulierten Emissions- oder Absorptionsprozeß wird durch die Zahl der vorhandenen Photonen und die Eigenschaften des Atoms bestimmt, während die spontane Emission einzig durch den Aufbau des Atoms festgelegt wird.

Interessant ist hier die Anmerkung, daß in der Quantenbetrachtung der Emission von Licht die Emissionswahrscheinlichkeit durch den Erwartungswert des Dipolmomentes zwischen dem oberen und unteren Zustand des Atoms beschrieben wird. Das Bild des oszillierenden Dipols aus der klassischen Physik wird hier übertragen. Ein Atom kann in einem bestimmten Zustand kein Dipolmoment haben; ein solches taucht nur auf, wenn ein Wechsel zwischen zwei Zuständen erfolgt, d. h., wenn ein Übergang beziehungsweise die Emission eines Photons stattfindet. Interessant ist ferner, daß die Ausstrahlungscharakteristik des Atoms von der Orientierung dieses atomaren Dipolmomentes beim Übergang abhängig ist. Wir werden später sehen, daß auch in der Winkelverteilung der emittierten Strahlung die klassischen Aspekte des Hertzschen Dipols durchaus wiederzufinden sind. Wie bereits erwähnt, besitzen die emittierten Photonen eine Energie, die durch die an der Emission beteiligten Zustände vorgegeben wird. In Realität kann diese Energie nicht unendlich genau gemessen werden, da das Atom im angeregten Zustand nur für eine gewisse Zeit verbleibt. Höchste Meßgenauigkeit setzt auch eine unendlich lange Meßzeit voraus. Es besteht eine Energie-Zeit-Unschärfe, die aus der Tatsache resultiert, daß bei einem periodischen Vorgang die Genauigkeit der Frequenzbestimmung von der Anzahl der beobachteten Perioden abhängt. Ein kurzes Signal enthält viele Frequenzen, und deshalb legt erst eine lange Messung die Frequenz genau fest.

Die Energie- oder äquivalent dazu Frequenzbreite des aus einem spontanen Prozeß resultierenden Photons ist also durch die Lebenszeit des angeregten Zustands bestimmt. Was aber, wenn mehrere Zustände sehr dicht liegen? Was, wenn sie so dicht liegen, daß sie überlappen? Die emittierten Photonen können in diesem Fall eine Vielzahl von Frequenzen besitzen, was dann zu dem oben diskutierten kontinuierlichen Spektrum führt, wie es in einem Festkörper vorliegt. In diesem Fall war die Betrachtung über das thermische Spektrum, die Max Planck zur Entdeckung der Energiequantisierung geführt hat, einfacher durchzuführen als im Falle von freien Atomen, da nicht der spezielle charakteristische Aufbau der Atome berücksichtigt werden mußte.

In diesem Kapitel haben wir noch nicht alle Methoden der Lichterzeugung angesprochen. Die moderne Physik hat in den letzten Jahren neue Wege eröffnet, über die wir später noch zu sprechen haben. Wir werden die Erzeugung der kohärenten

Strahlung im Laser kennenlernen und insbesondere die Herstellung nichtklassischen Lichts. Dieses Licht kann nicht mehr mit den Gesetzen der klassischen Physik beschrieben werden. Die Erzeugungsprozesse des nichtklassischen Lichts werden wir im zweiten Hauptteil dieses Buches diskutieren.

Jedoch eine weitere Erzeugungsmöglichkeit von Licht wollen wir hier noch kurz erwähnen. Wir haben weiter oben bereits gesehen, daß die Beschleunigung und entsprechend auch die Verzögerung eines Elektrons zu der Aussendung einer elektromagnetischen Welle führt. Elektronen auf Kreisbahnen sind konstant beschleunigt, da sie durch eine Zentralkraft auf ihrer Bahn gehalten werden. Diese Kraft wird im Gleichgewichtsfall durch die Zentrifugalkraft, die nach außen wirkt, kompensiert. Diese konstante Beschleunigung der Elektronen führt zu einer Aussendung von elektromagnetischen Wellen, deren Frequenz von der kinetischen Energie der Elektronen abhängt.

Man kann deshalb Elektronenbeschleuniger, bei denen die Elektronen mit hoher Energie auf Kreisbahnen umlaufen, als Strahlungsquellen benutzen. Es entsteht intensive polarisierte Strahlung mit einem kontinuierlichen Spektrum, die für viele Anwendungen eingesetzt wird. Diese Strahlung hat den Namen Synchrotronstrahlung, da man die Elektronenbeschleuniger als Synchrotrons bezeichnet.

Ursprünglich wurden Elektronen-Synchrotrons als Teilchenbeschleuniger für die Hochenergiephysik gebaut, und die Synchrotronstrahlung war nur ein Nebenprodukt. Heute werden spezielle Synchrotrons nur als Lichtquellen gebaut, mit denen Photonen hoher Intensität für den fernen ultravioletten Spektralbereich und den nahen Röntgenbereich erzeugt werden.

Eine ähnlich entstehende, auch als Synchrotronstrahlung bezeichnete Emission elektromagnetischer Wellen, kommt zustande, wenn geladene Teilchen im magnetischen Feld der Erde eingefangen werden. Sie entstehen ferner im Kosmos, wie z.B. im Krebs-Nebel. Von solchen Himmelskörpern wird Synchrotronstrahlung vom fernen Ultraviolett bis zum Radiofrequenzbereich ausgesandt.

Werden Elektronen beim Auftreffen auf Festkörper in der Nähe der Atomkerne abgebremst, so entsteht auch dabei Strahlung. Diese Bremsprozesse führen bevorzugt zur Abstrahlung im Röntgenbereich, da bei diesen hohen kinetischen Energien die Elektronen sehr nahe an den Atomkern herankommen, was den Prozeß besonders effektiv macht. Das so entstehende Bremsstrahlungskontinuum entsteht neben charakteristischen Röntgenlinien, die durch eine Anregung der inneren Elektronenbahnen durch die stoßenden Elektronen hervorgerufen werden.

2. Klassisches Licht –
Zusammenfassung der Eigenschaften und Phänomene

In diesem Kapitel sollen einige grundlegende Phänomene der klassischen Optik diskutiert werden. Die meisten Eigenschaften, die wir hier besprechen werden, sind sehr eng mit dem Wellenbild des Lichtes und damit mit der Entwicklung unserer Vorstellungen vom Licht verknüpft, wie sie im 17. und 18. Jahrhundert entwickelt worden sind. In der Mehrheit lassen sie sich mit Hilfe der von Huygens eingeführten Vorstellungen erklären. Sie spielen bei vielen Anwendungen der modernen Optik eine große Rolle und nach wie vor finden sich neue Anwendungen für „alte" Ideen.

Des weiteren lassen sich aber auch viele der uns umgebenden optischen Phänomene, wie der blaue Himmel, die rote Färbung des Himmels beim Sonnenuntergang, Regenbogen, die Polarisation und vieles mehr, mit diesen Grundlagen erklären und verstehen. Die Diskussion kann aus Platzgründen nicht vollständig sein. Wir wollen uns auf einige interessante Beispiele beschränken, die uns später dann auch zu den Phänomenen der Quantenphysik führen.

2.1 Polarisation

Eine Lichtwelle wird mathematisch im allgemeinen durch einen unendlich ausgedehnten Wellenzug beschrieben:

$$\vec{E}(z,t) = \vec{E}_0 \, cos(\omega t - kz).$$

Wir haben hierbei angenommen, daß sich die Welle, deren Amplitude durch die Stärke des elektrischen Feldes $\vec{E}_0$ gegeben ist, in z-Richtung ausbreitet. In der klassischen Physik ist die Intensität mit dem Quadrat dieses Ausdruckes verknüpft. Die cos-Funktion oszilliert in Abhängigkeit vom Argument $(\omega t - kz)$ periodisch zwischen +1 und −1. Das Argument der cos-Funktion wird als Phase der Welle bezeichnet. k stellt den sogenannten Wellenvektor dar, der im allgemeinen ein Vektor, also eine gerichtete Größe ist, wie zum Beispiel auch die Geschwindigkeit eines bewegten Körpers. In unserem Fall ist k in Richtung der z-Achse gerichtet, die mit der Ausbreitungsrichtung der ebenen Welle identisch sein soll. Der Vektor $\vec{k}$ steht senkrecht auf der Phasenfront der Welle, und sein Betrag, also seine Länge, ist $2\pi/\lambda$. Die Phasenfront ist ähnlich einer Höhenlinie einer Landkarte. Sie verbindet Punkte gleicher Phase der Welle. Mit t wird die Zeit bezeichnet und $\omega = 2\pi\nu$, wobei ν die Frequenz der Welle ist. Abb. 5 zeigt eine Momentaufnahme der Welle. Man erkennt, wenn man bei diesem Schnappschuß an der Welle in z-Richtung entlanggeht, ein periodisches Verhalten. Die Strecke zwischen zwei Maxima entspricht der Wellenlänge.

Halten wir uns an einem bestimmten Punkt der z-Achse auf und lassen die Welle an uns vorbeilaufen, so erhalten wir nun in Abhängigkeit von der Zeit ebenfalls ein periodisches Verhalten. Die Zeit, die zwischen zwei gleichen Ausschlägen der Welle vergeht, ist die Schwingungszeit oder Periode T, die mit der Frequenz über die Beziehung T = $1/\nu$ verknüpft ist.

Wie schon in Kapitel 1 bemerkt, ist Licht eine transversale Welle. Dies besagt, daß der Feldvektor $\vec{E}_0$ senkrecht zur Ausbreitungsrichtung schwingt. Es existieren damit zwei verschiedene, voneinander unabhängige Schwingungsrichtungen. In Abb. 5 haben wir den E-Vektor parallel zur x-Achse gewählt.

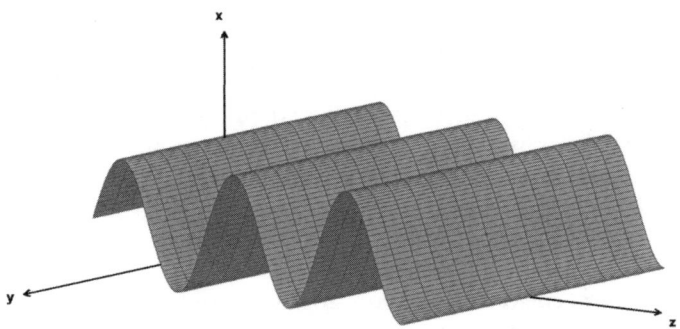

Abb. 5: Darstellung einer Momentaufnahme einer ebenen linear polarisierten Welle. Die Polarisationsrichtung wird durch die Richtung von $\vec{E}_0$ bestimmt, diese Richtung ist in diesem Bild in x-Richtung angenommen. Die Ausbreitung erfolgt in z-Richtung.

Bei der anderen Polarisation wäre diese Richtung dann parallel zur y-Achse. Liegt nur eine Schwingungsrichtung vor, wie dies in Abb. 5 der Fall ist, so spricht man von polarisiertem Licht. Normalerweise ist Licht, das uns umgibt, unpolarisiert, d. h., beide Schwingungsrichtungen sind gleichberechtigt vorhanden.

Es ist möglich, aus unpolarisiertem Licht polarisiertes zu erzeugen. Zum Teil besorgt dies die Natur für uns, was zum Beispiel bei einem blauen Sommerhimmel zu beobachten ist. Das blaue Himmelslicht ist leicht polarisiert, und zwar in der Richtung senkrecht zu den Sonnenstrahlen. Wir werden etwas später noch einmal auf dieses Phänomen zurückkommen. Ferner kann polarisiertes Licht auch bei der Reflexion von Wasseroberflächen oder Metall- und Glasoberflächen erzeugt werden. Am einfachsten kann man polarisiertes Licht durch dichroitische Polarisationsfolien erzeugen. Diese bestehen aus langen Molekülketten, die durch Streckung des Materials parallel angeordnet werden. Man kann sich leicht vorstellen, daß Licht „stärker" durch diese Molekülgitter absorbiert wird, wenn der elektrische Feldvektor parallel zu den Ketten schwingt als umgekehrt. Das transmittierte Licht ist somit nach Durchgang durch einen solchen Polarisator senkrecht zu den Molekülketten polarisiert.

Unpolarisiertes Licht wird nach dem Durchgang durch einen Polarisator linear polarisiert und somit etwa um die Hälfte abgeschwächt. Was passiert aber, wenn man nun einen zweiten Polarisator um 90° gedreht hinter den ersten hält? Kein Licht geht mehr durch die, wie man sagt, gekreuzten Polarisatoren. Das Licht, das durch den ersten transmittiert wird, ist polarisiert und wird dann durch den zweiten senkrecht dazu eingestellten Polarisator blockiert. Interessant ist es, wenn ein dritter Polarisator zwischen die beiden ersten geschoben wird, dessen Vorzugsrichtung zwischen denjenigen der beiden anderen steht. Paradoxerweise (oder auch nicht) können wir nun Licht hinter den Polarisatoren feststellen. Der erste Polarisator polarisiert das Licht zum Beispiel horizontal, der eingeschobene polarisiert zwischen horizontal und vertikal. Das Licht wird von diesem Filter zwar abgeschwächt, aber eine Transmission findet statt, da nur ein gekreuzter Polarisator kein Licht durchläßt. Der letzte Polarisator schließlich läßt vertikal polarisiertes Licht durch. Eine weitere Abschwächung erfolgt, jedoch keine vollständige Auslöschung.

Da das Licht eine elektromagnetische Welle ist, wird das elektrische Feld stets auch durch ein schwingendes magnetisches Feld begleitet. Dieses kann ebenfalls analog zur Gleichung des elektrischen Feldes ausgedrückt werden. Der einzige Unterschied besteht in der Richtung; das magnetische Feld ist bei einer ebenen Welle stets senkrecht zum elektrischen Feld gerichtet. Im allgemeinen wird Licht immer in der Terminologie eines schwingenden elektrischen Feldes behandelt, und so wollen wir es auch hier handhaben.

2.2 Brechung und Dispersion

In unterschiedlichen Medien, wie zum Beispiel Luft, Glas oder Wasser, breitet sich das Licht mit Geschwindigkeiten aus, die gegeben sind durch $c = c_0/n$, wobei n für den Brechungsindex des jeweiligen Mediums steht und c_0 die Lichtgeschwindigkeit im leeren Raum, die sogenannte Vakuumlichtgeschwindigkeit, bedeutet. Der Brechungsindex ist größer als eins. Hieraus folgt, daß die Geschwindigkeit des Lichtes in einem Medium geringer ist als im leeren Raum. Der Brechungsindex stellt eine Größe dar, die so etwas wie einen Widerstand angibt, den das Medium dem Licht entgegenstellt. Er ist mit den Eigenschaften der Atome, aus denen das Medium zusammengesetzt ist, verknüpft. Aus der Verlangsamung des Lichtes folgt, daß die Ausbreitungsrichtung des Lichtes beim Übergang von einem Medium in ein anderes geändert wird – ein physikalischer Prozeß der als Brechung bezeichnet wird. Die Brechung spielt bei vielen optischen Phänomenen eine große Rolle; sie ist auch dafür verantwortlich, daß mit Linsen Gegenstände abgebildet werden können.

Was passiert also, wenn Licht von einem Medium in ein anderes übergeht? Wir stellen uns hierzu eine breite Welle vor, die unter einem Winkel auf ein Medium auftrifft. Wir wollen den Vorgang anhand von Abb. 6 erläutern. Dort sind die Wellenfronten der Welle (charakterisiert durch die gleiche Phase) eingezeichnet. Es sei angemerkt, daß sich alle Wellenphänomene des Lichtes in Anlehnung an Wasserwellen verstehen lassen. Offensichtlich trifft bei schrägem Einfall ein Teil der Welle das Medium eher als ein anderer Teil, tritt deshalb früher in das Medium ein und wird verlangsamt, da die Lichtgeschwindigkeit dort niedriger wird, während der andere Teil noch mit der ursprünglichen Geschwindigkeit weiterläuft. Dies führt zu einer Abknickung der Wellenfront, wie in Abb. 6 illustriert. In unserem Beispiel wird der Lichtstrahl so gebrochen, daß der Brechungswinkel β kleiner als der Einfallswinkel α ist. Für den Fall, daß der Brechungsindex n_2 kleiner als Brechungsindex n_1 ist (umgekehrter Fall als in Abb. 6 gezeigt), so wird der Brechungswinkel größer als der Einfallswinkel. Der genaue Zusammenhang zwischen den Einfallswinkeln und dem Winkel des gebrochenen Strahls wird durch das Brechungsgesetz beschrieben.

Aus einer ähnlichen Überlegung heraus kann die Reflexion betrachtet werden. Dieses Mal findet der ganze Prozeß jedoch im gleichen Medium statt, so daß Einfalls- und Ausfallswinkel gleich bleiben. Dieser Fall ist im rechten Teil der Abb. 6 zu betrachten.

Nehmen wir nunmehr an, daß der Brechungsindex des Mediums zwei kleiner ist als der des ersten Mediums, d.h., β wird größer als α. In diesem Falle ist der Grenzfall denkbar, daß der gebrochene Lichtstrahl entlang der Grenzfläche läuft. Bei weiterer Vergrößerung von α läuft dann der Strahl wieder in das ursprüngliche Medium zurück. Dieser Fall führt zu einer Totalreflexion. Wir werden in einem späteren Kapitel nochmals auf diese Situation zurückkommen. Der Leser wird sich sicherlich an dieser Stelle fragen, woher der Lichtstrahl „weiß", daß sich der Brechungsindex ändert. Und in der Tat dringt das Lichtfeld um einen Betrag von etwa einer Wellenlänge in das andere Medium vor. Diese Reichweite ist ausreichend, um dem Lichtstrahl die „Änderung" des Brechungsindex und damit die notwendige Totalreflexion zu signalisieren.

Bei einem Übergang von Licht von einem Medium in ein anderes findet außer im Falle der Totalreflexion stets Brechung und Reflexion gleichzeitig statt. In welchem Verhältnis wird jedoch die Intensität der Lichtwelle reflektiert bzw. gebrochen? Die genaue Beantwortung dieser Frage geben Beziehungen, die von Fresnel erstmals erkannt worden sind und deshalb Fresnel-Gleichungen genannt werden. Die Gleichungen folgen aus den Stetigkeitsbedingungen des elektrischen und magnetischen Feldes an der Grenzfläche der beiden Medien, Details dazu würden den Rahmen dieses Buches sprengen. Es sollen hier nur einige allgemeinere Anmerkungen gemacht werden. Die genaue Verteilung der Intensität ist abhängig von den Brechungsindizes der beiden Medien und dem Einfallswinkel. Zusätzlich spielt auch die Polarisation der Lichtwelle eine Rolle. Es kommt darauf an, ob die Lichtwelle senkrecht oder parallel zur Einfallsebene polarisiert ist, die durch die beteiligten Lichtstrahlen definiert wird, siehe hierzu Abb. 7.

Für senkrechten Einfall auf die Trennfläche macht diese Unterscheidung der Polarisationsrichtung keinen Sinn, und

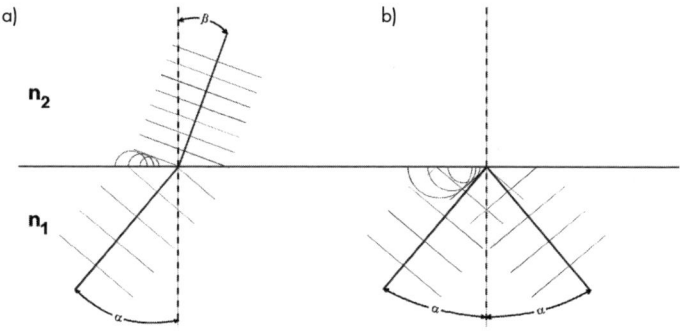

Abb. 6: Brechung und Totalreflexion einer Lichtwelle durch ein optisch dichteres Medium. a beschreibt den gebrochenen Strahl und b den reflektierten Anteil, der viel kleiner ist als der gebrochene. Die Richtung des gebrochenen Strahls wird mit Hilfe der Huygensschen Elementarwellen ermittelt. Diese Elementarwellen gehen zu unterschiedlichen Zeiten von der Trennfläche aus, da sie zu unterschiedlichen Zeiten angeregt werden.

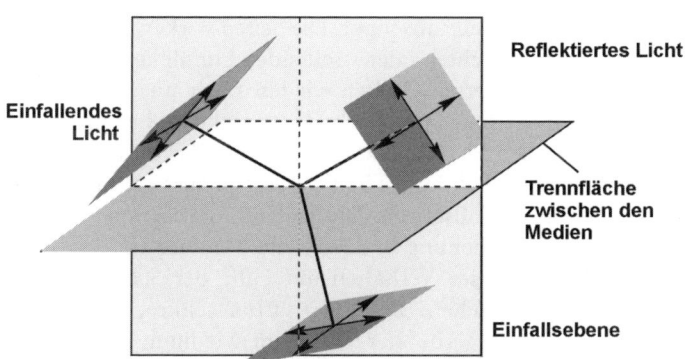

Abb. 7: Verhalten unterschiedlicher Polarisationsrichtungen bei der Transmission und Reflexion an einer Trennfläche zwischen zwei verschiedenen Medien. Eingezeichnet sind die zwei Polarisationsrichtungen, bezogen auf die Einfallsebene, in der die drei Strahlen verlaufen. Diese Polarisationsrichtungen sind für die Behandlung des Transmissions- und Reflexionsverhaltens interessant.

entsprechend verhält sich das Licht auch gleich. Anstatt hier auf die Gleichungen einzugehen, möchten wir ein Beispiel besprechen. Wir gehen von einem Übergang von Luft (Brechungsindex 1.0) zu Glas (Brechungsindex 1.4) aus, wie er beim Blick durch eine Fensterscheibe vorliegt. Man erhält eine Reflexion von 4%, wenn man senkrecht auf die Oberfläche blickt. Dies ist bereits genug, um sein Spiegelbild im Glas sehen zu können, wenn man gegen einen dunklen Hintergrund schaut. Der Leser wird sich vielleicht fragen, warum man ein Spiegelbild im Fenster besser sehen kann, wenn es draußen dunkel ist, obwohl die Reflexion von Licht unabhängig von der Intensität des Lichts von außerhalb ist. Der Grund liegt darin, daß das zurückgespiegelte Licht mehr ins Gewicht fällt, wenn kein Licht von außen eindringt.

Für sehr große Einfallswinkel, man spricht auch von streifendem Einfall, wird die reflektierte Intensität immer eins. Jeder Gegenstand wird „glänzend", wenn man ihn nur flach genug gegen eine Lichtquelle hält. Man kann dies leicht überprüfen, in dem der Leser zum Beispiel dieses Buch streifend gegen eine Lichtquelle anschaut. Die Seiten wirken wie Spiegel.

Für nicht senkrechten oder streifenden Einfall liegen die Verhältnisse komplizierter. Greifen wir nur noch einen Spezialfall heraus – den des sogenannten Brewsterwinkels – benannt nach dem schottischen Physiker David Brewster. Für diesen speziellen Fall ist das reflektierte Licht perfekt polarisiert, und zwar senkrecht zur Einfallsebene. Die andere Polarisationsrichtung tritt ohne Abschwächung in das zweite Medium ein.

Wir können dieses Verhalten mit Hilfe der Schwingungen eines Dipols verstehen. Bei Polarisation senkrecht zur Einfallsebene liegt der von der Welle im Medium 2 angeregte Dipol in der Übergangsfläche. Die Strahlungscharakteristik des Dipols ergibt eine starke Ausstrahlung in der Richtung senkrecht zur Schwingung. Bei der Brechung ändert sich an der Orientierung dieser Richtung nichts. Anders ist es jedoch für die dazu senkrechte Polarisationsrichtung. Der Dipol im Medium 2 ist etwas anders orientiert als im Medium 1, da er wegen der Brechung eine andere Richtung hat. Im Falle des

Brewster-Winkels zeigt er dann direkt in die Richtung der Reflexion. In der Längsrichtung strahlt jedoch ein Dipol keine Energie ab, deshalb kommt diese Polarisationsrichtung im reflektierten Licht nicht vor.

Das Phänomen, daß das von einer Glasplatte reflektierte Licht polarisiert sein kann, hat den französischen Physiker Malus zur Entdeckung der Polarisation von Licht geführt, wie bereits in Abschnitt 2.1 erwähnt. Er hat auch gezeigt, daß eine zweimalige Reflexion in senkrecht zueinander stehenden Richtungen zur Auslöschung der Intensität führt. Er hat bei diesem Versuch zwei Reflexionspolarisatoren gekreuzt.

Das Polarisationsverhalten von Licht bei der Reflexion erklärt auch, warum Photographen mit Hilfe von Polarisationsfiltern vor der Kameralinse Reflexionen von Glas-, Metall- oder Wasseroberflächen reduzieren können. Dieses reflektierte Licht ist polarisiert und kann demnach durch einen geeignet eingestellten Polarisationsfilter ausgelöscht werden. Die Polarisation bei Reflexion kann auch dazu verwendet werden, die Polarisationsrichtung eines Polarisators zu bestimmen. Kann man mit dem Polarisator die reflektierte Intensität ausschalten, ist seine Polarisationsrichtung senkrecht zur Oberfläche, von der die Reflexion herrührt.

Es gibt Kristalle, die aufgrund ihres Aufbaus eine Anisotropie aufweisen, wie dies z. B. für Kalkspat der Fall ist. Diese Materialien können deshalb für Licht unterschiedlicher Polarisationsrichtung unterschiedliche Brechungsindizes aufweisen und somit das Licht je nach Polarisationsrichtung in eine leicht unterschiedliche Richtung brechen. Dies führt zu einer Aufspaltung von unpolarisiertem Licht in seine beiden Polarisationsrichtungen. Man spricht deshalb auch von Doppelbrechung. Die Doppelbrechung führt zum Beispiel zu einem doppelten Abbild, wenn man Schriftzeichen durch einen Kalkspatkristall anschaut. Doppelbrechende Kristalle haben meistens eine Transmissionsrichtung, in der sich die Brechung normal verhält. Diese Richtung wird als optische Achse des Kristalls bezeichnet. Diese Eigenschaft wird in einem späteren Kapitel (Abschnitt 3.3) wichtig werden.

Die Brechung ermöglicht die Herstellung von Linsen und abbildenden Systemen, wie Kameraobjektive, Ferngläser oder Mikroskope. Dies kann geschehen, wenn die Oberfläche des brechenden Körpers nicht einfach plan ist, sondern in geeigneter Weise von einer Ebene abweicht. Lichtstrahlen, die vom Objekt ausgehen, müssen unterschiedlich stark gebrochen werden, um auf der anderen Seite der Linse eine Abbildung zu erzeugen. Die Linse muß deshalb entsprechend gekrümmt werden; in praktisch allen Fällen werden sphärische Flächen bei Linsen verwendet. Charakteristisches Merkmal einer Linse ist die Brennweite, welche die Entfernung zwischen der Linse und einem Punkte angibt, in dem parallele Strahlen fokussiert werden. Je kürzer die Brennweite der Linse, desto stärker muß sie gekrümmt sein. Linsen mit umgekehrtem Krümmungsradius heißen konkav und agieren als Linsen, die ankommende Lichtstrahlen aufweiten.

Der Brechungsindex ist nicht nur abhängig vom Material, sondern auch von der Temperatur des Mediums und zusätzlich von der Wellenlänge des Lichtes. Die Temperaturabhängigkeit des Brechungsindex der Luft kann im Sommer an der Oberfläche einer Landstraße beobachtet werden. Über der erhitzten Straße steigt heiße Luft auf. Diese Luftströmung wird durch die flimmernde Luft deutlich. Es bildet sich an der Oberfläche ein Temperaturgefälle aus. Durch diese Temperaturschichtung ergibt sich eine eben solche Schichtung des Brechungsindex. Somit findet eine kontinuierliche Brechung eines Lichtstrahles statt. Die Lichtstrahlen breiten sich nicht mehr geradlinig aus, was zu interessanten Spiegeltäuschungen führt, wie in Abb. 8 gezeigt. Solche Luftspiegelungen können für das Zustandekommen einer Fata Morgana verantwortlich sein. Der Beobachter in Abb. 8 sieht den Baum direkt, aber auch über den „gebogenen" Strahl, der zu einem Spiegelbild führt. Das Phänomen erscheint somit wie durch eine Wasserfläche verursacht.

Die Abhängigkeit des Brechungsindex der Materialien von der Wellenlänge wird als Dispersion bezeichnet. Sie ist für eine Vielzahl optischer Phänomene verantwortlich. Dazu gehören

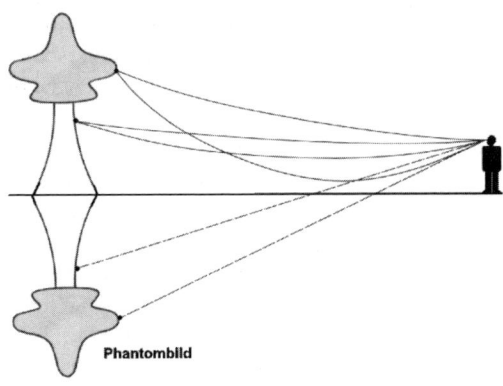

Phantombild

Abb. 8: Durch ein Temperaturgefälle an einer stark erwärmten Erdoberfläche ergibt sich eine kontinuierliche Veränderung des Brechungsindex der Luft; als Konsequenz breiten sich die Lichtstrahlen nicht mehr geradlinig aus. Der in der Abbildung gezeigte Baum erscheint daher doppelt, und es wird eine Spiegelung an einer Wasseroberfläche vorgetäuscht, es kommt zur oft beschriebenen Fata Morgana.

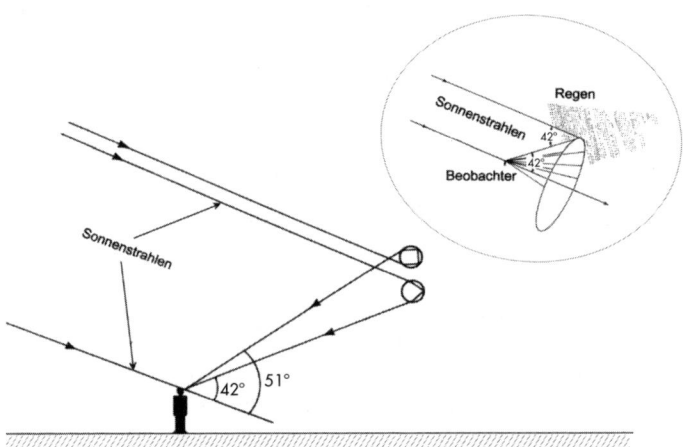

Abb. 9: Farbzerlegung von Sonnenlicht durch Wassertropfen und die Entstehung eines Regenbogens. Der zweite Regenbogen, der bei besonders starkem Regen gesehen werden kann, entsteht durch zweimalige Totalreflexion innerhalb der Regentropfen. Beim normalen Regenbogen wird das Sonnenlicht nur einmal reflektiert.

41

zum Beispiel das Zustandekommen des Regenbogens, die Fähigkeit eines Prismas, Licht in seine verschiedenen Farb- bzw. Frequenzanteile zu zerlegen, oder auch weniger erfreuliche chromatische Fehler in optischen Instrumenten, die teuere Korrekturen erforderlich machen und unter anderem der Grund dafür sind, daß Kameraobjektive sehr kompliziert aufgebaut sein müssen.

Wenn ein Lichtstrahl, bestehend aus verschiedenen Wellenlängen, auf ein Prisma trifft, erfährt er eine Brechung entsprechend des Brechungsindex für die jeweilige Farbe. Dies führt zu einer Aufspaltung des Lichtstrahls in seine Spektralfarben wie in Tafel 1 gezeigt. Diese Farbzerlegung von weißem Licht wurde erstmals von Newton im Jahr 1672 eindeutig nachgewiesen.

Die Dispersion führt bei Linsen dazu, daß die unterschiedlichen Wellenlängen verschiedene Brennpunkte haben. Es entstehen Farbränder bei den Bildern. Diese Farbfehler bei Fernrohren haben Newton damals veranlaßt, sich die Farbzerlegung durch Prismen genauer anzusehen. In einer Kamera mit schlecht korrigiertem Objektiv, d. h., wenn die unterschiedliche Brechung nicht durch geschickte Anordnung der Linsen ausgeglichen wird, führt dies zu unscharfen Bildern.

Sonnenstrahlen werden in Regentröpfchen, die man sich einfachheitshalber als kleine Wasserkugeln vorstellen kann, gebrochen. Dies führt zu einem primären Regenbogen, der eine ähnliche Farbaufspaltung wie Licht nach einem Durchgang durch ein Prisma zeigt. Rot ist oben zu beobachten und blau unten. Das Entstehen des Regenbogens ist in Abb. 9 illustriert. Der Hauptregenbogen entsteht durch zweimalige Brechung und einmalige Totalreflexion innerhalb eines Tropfens. Ein Beispiel für einen Regenbogen ist in Tafel 2 gezeigt. Es kann auch vorkommen, daß das Licht zweimal intern reflektiert wird, was zu einem zweiten, dem sekundären Regenbogen führt. Dieser ist auf Grund der geringeren Intensität nur bei sehr starkem Regen zu beobachten. Er zeigt eine umgekehrte Farbverteilung: blau ist jetzt oben und rot unten.

Optische Phänomene können ebenfalls sehr häufig in der Atmosphäre beobachtet werden und lösen immer wieder Verwunderung und Erstaunen aus. Der Sonnenuntergang und der Sonnenaufgang sind die häufigsten Erscheinungen, die immer wieder Entzücken hervorrufen. Die rote Farbe der Sonne und die Färbung des Himmels resultieren aus der Tatsache, daß das Sonnenlicht beim tiefen Stand am Horizont einen langen Weg durch die Atmosphäre hat und deshalb der kurzwellige Anteil des Lichts wegen der intensiven Streuprozesse in diesem Wellenlängenbereich schon verlorengegangen ist, so daß nur noch der rote Teil des Sonnenspektrums vorhanden ist. Der vorwiegende Streuprozeß in der Atmosphäre ist die bereits erwähnte Rayleigh-Streuung (nach dem englischen Physiker Lord Rayleigh), die stärker bei kurzen Lichtwellenlängen ist als bei langen. Dies ist auch der Grund dafür, daß der Himmel eine blaue Färbung hat. Der Beobachter auf der Erde sieht den Himmel auf Grund der Streuung des Sonnenlichtes an den Luftmolekülen. Das Licht muß also um einen großen Winkel gestreut werden, um zum Auge des Beobachters zu gelangen. Blaues Licht wird bevorzugt gestreut, so daß der Himmel blau erscheint.

Ein weiteres Phänomen ist, daß uns die Sonne beim Sonnenuntergang viel größer erscheint als tagsüber. Dies ist jedoch eine optische Täuschung. Deshalb sind die Photographien von Sonnenuntergängen meistens eine Enttäuschung, da wir den Eindruck haben, daß die Sonne viel größer war, als sie dann auf den Photographien zu sehen ist. Es kann auch eine scheinbare Verformung der Kugelgestalt auftreten, die durch einen Temperaturgradienten in der Atmosphäre hervorgerufen wird, der dann zu ähnlichen Erscheinungen führt, wie wir sie in Abb. 8 erläutert haben.

Es gibt insbesondere an Wintertagen noch weitere nicht selten auftretende optische Erscheinungen am Himmel; eine davon möchten wir hier noch kurz ansprechen. Bilden sich Eiskristalle in der oberen Atmosphäre, so können diese aufgrund ihrer regelmäßigen Gestalt zu einer Brechung des Sonnenlichtes um einen bestimmten Winkel führen, der durch die Kri-

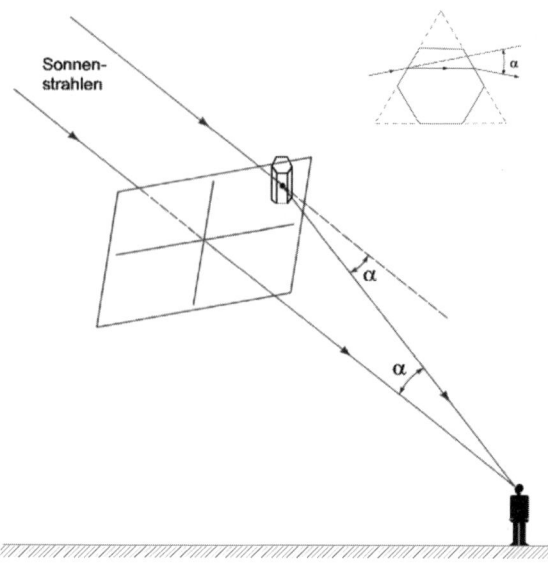

Abb. 10: Halo-Erscheinung, die durch die Brechung an Eiskristallen in der oberen Atmosphäre hervorgerufen wird. Der Halo entsteht als Kreis um die Sonne mit einem Winkel α von mindestens 22°. Die Brechung an einem hexagonalen Eiskristall verhält sich ähnlich wie diejenige an einem Prisma.

stallstruktur vorgegeben ist. Dies wird in Abb. 10 dargestellt. Die vorwiegende Struktur der Eiskristalle ist hexagonal; diese Form entspricht dem Querschnitt eines Bleistiftes. Durch die Brechung ergibt sich dabei ein Ablenkwinkel von minimal 22°, der zu Halo-Erscheinungen führt wie in Tafel 3 gezeigt.

2.3 Beugung

Wir wollen nun wieder die optischen Erscheinungen in der Atmosphäre verlassen und auf ein anderes wichtiges Phänomen zu sprechen kommen, das ein typisches Wellenphänomen ist und das bei der Entwicklung der Vorstellungen vom Licht als Wellenerscheinung eine entscheidende Rolle gespielt hat:

44

die Erscheinung der Beugung. Licht breitet sich unserer Erfahrung nach geradlinig aus, wir kennen dies vom relativ scharfen Schattenwurf. Fällt Licht durch eine Öffnung, so bildet sich der Rand im Schatten klar sichtbar ab. Sieht man genauer hin, so findet man jedoch, daß das Licht im Randbereich geringfügig auch um die Ecken läuft, diese Erscheinung nennt man die Beugung. Gut beobachtbar wird das Phänomen, wenn man den Lichtdurchgang durch eine kleine Öffnung beobachtet, insbesondere dann, wenn die Öffnung immer kleiner wird und in den Bereich von Bruchteilen von Millimetern kommt. Das Licht erreicht auch Punkte auf einem Auffangschirm, die weiter außen liegen und bei der Annahme einer geradlinigen Ausbreitung nicht mehr erreichbar sein dürften. Das Licht läuft aufgrund der Beugung teilweise um die Ecke. Ein analoges Phänomen kann für Schallwellen beobachtet werden. So können Töne und Gespräche aus einem Raum auch dann gehört werden, wenn der Zuhörer nicht genau vor der Tür des Raumes steht, sondern seitlich dazu versetzt. Die Schallwellen gehen um die „Ecke".

Die Beugung kann mittels des Huygensschen Prinzips verstanden werden. In jedem Punkt der Öffnung kommt es zur Aussendung von Elementarwellen, die sich normalerweise zu einer ebenen Welle überlagern. Wird jedoch die Dimension des Schlitzes kleiner und kleiner, so treten Interferenzen auf, und die Elementarwellen am Rande sorgen dafür, daß das Licht sozusagen um die Ecke läuft. Abb. 11 zeigt ein solches Beugungsbild an einem Schlitz. Auf dieses Bild werden wir später bei der Quantenbehandlung zurückkommen.

Bei der Behandlung der Beugung unterscheidet man zwei Bereiche: das Nahfeld oder die Fresnelbeugung und das Fernfeld oder die Fraunhoferbeugung. Wie der Name schon erkennen läßt, ergibt sich der Unterschied durch die Entfernung vom Objekt, in dem das Beugungsbild beobachtet wird. Diese beiden Grenzfälle wurden unabhängig voneinander von Fresnel und Fraunhofer behandelt. Die mathematische Behandlung ist in beiden Fällen verschieden. Die Fraunhoferbeugung ist etwas einfacher und ergibt eine wichtige Analogie mit der Zerlegung von Signalen in ein Frequenzspektrum, die Fourier-Zerlegung genannt wird. Das Beugungsspektrum kann aus einer Fourier-Transformation der Transmissionsfunktion des Spaltes gewonnen werden. Die Analogie hat zu einem Untergebiet der Optik, der Fourier-Optik geführt. Im Rahmen dieses Gebietes kann eine bessere Verarbeitung von Bildern vorgenommen werden. Insbesondere Satellitenbilder können mit diesem Verfahren verarbeitet oder verbessert werden. Es würde jedoch hier zu weit führen, auf diese interessanten Anwendungen der modernen Optik einzugehen.

2.4 Kohärenz und Interferenz

Wir haben nunmehr im vorhergehenden Abschnitt in Verbindung mit der Beugung eines der ersten Interferenzexperimente kennengelernt. Es werden bei der Interferenz Wellen, die auf verschiedenen Wegen zum Auffangschirm kommen, überlagert, und es kommt zur Verstärkung und Auslöschung der Intensität, je nachdem, ob Wellenberge oder Wellentäler zusammenfallen. Eine wichtige Bedingung, daß die Interferenz beobachtet werden kann, ist das Vorhandensein der Kohärenz.

Das Wort Kohärenz ist vom lateinischen Wort „cohaerere" abgeleitet, was zusammenhängen bedeutet. Licht ist dann kohärent, wenn eine feste Phasenbeziehung vorhanden ist, wie dies z.B. bei der in Abb. 5 gezeigten Welle der Fall ist. Da die

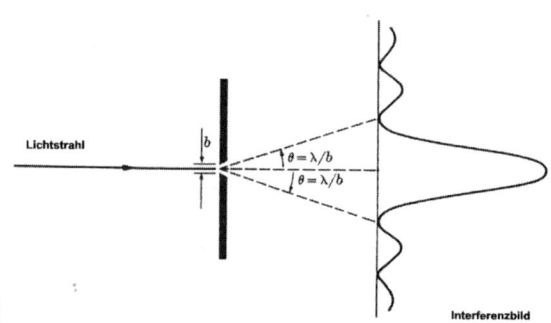

46

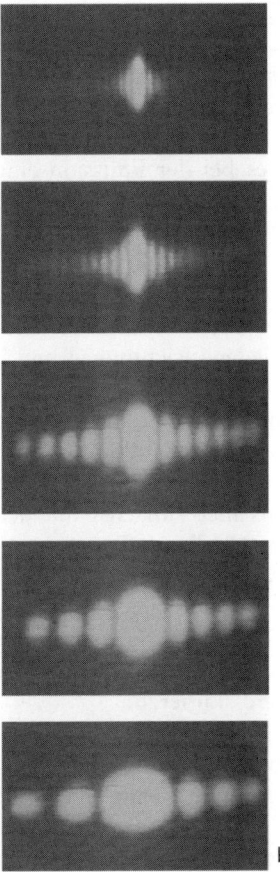

b)

Abb. 11: Beugung und Interferenz an einem engen Schlitz. Beobachtet wurde das Bild in großer Entfernung vom Schlitz. Diese Beobachtungsart wird im allgemeinen als Fraunhoferbeugung bezeichnet. Teil a (gegenüber) zeigt die Veranschaulichung der experimentellen Anordnung. Der Spalt wurde mit einem Laserstrahl beleuchtet. Die Intensitätsverteilung des Lasers ist in vertikaler Richtung nicht konstant; deshalb sind die höheren Ordnungen der Interferenz im Zentrum des Bildes weiter zu sehen als am oberen und unteren Rand. Bei der Bildserie b (oben) wird der Spalt von oben nach unten enger gedreht. Die zentrale Interferenzordnung ist beim oberen Bild bereits zehnmal größer als die Spaltbreite.

Phase einer Welle sowohl eine Abhängigkeit von der Zeit als auch vom Ort hat, muß man zwischen *zeitlicher* und *örtlicher* Kohärenz unterscheiden. Warum ist die Kohärenz nicht von vornherein vorhanden? Die meisten Lichtquellen (Glühbirnen, Kerzen etc.) sind thermisch. Atome emittieren unkoordiniert; außerdem kann es bei der Emission eines Atoms zu Phasenstörungen durch Nachbaratome kommen, indem die Atome in Wechselwirkung miteinander treten. Dies ist insbesondere bei Gasentladungen unter hohem Druck der Fall.

Es gilt ferner, daß Lichtwellen unterschiedlicher Polarisation nicht miteinander interferieren. Ihre elektrischen Feldvektoren weisen in verschiedene Richtungen und beeinflussen sich deshalb nicht. Lichtwellen unterschiedlicher Wellenlängen können ebenfalls nicht interferieren, da sich ihre Phasen mit der Zeit unterschiedlich schnell verändern und so im Mittel weder eine konstruktive noch destruktive Überlagerung stattfinden kann.

Wir wollen uns hier zunächst mit der Frage beschäftigen, wie wir kohärente Quellen, z. B. aus dem Licht einer Glühbirne oder aus einer Gasentladungslampe, herstellen können. Wir werden später sehen, daß eine Laserlichtquelle sowohl räumliche als auch zeitliche Kohärenz garantiert. Zum besseren Verständnis wollen wir jedoch die Grundlagen an einer klassischen Lichtquelle diskutieren.

Zunächst zur *räumlichen* Kohärenz. Eine solche Quelle kann man herstellen, wenn aus dem Licht einer klassischen Quelle nur eine extrem kleine Fläche herausgeblendet wird. Die Fläche ist so klein, daß die Anzahl der beteiligten Elementarwellen nicht sehr hoch ist. Es liegen ähnliche Verhältnisse vor wie bei dem Beugungsexperiment, das in Abb. 11 gezeigt wird. Räumliche Kohärenz ergibt sich über einen Bereich, der mit der Ausdehnung der zentralen Ordnung, d. h. dem Bereich maximaler Intensität in der Mitte des Beugungsmusters, identisch ist. Diese Aussage in einer mathematischen Formulierung wird Kohärenzbedingung genannt. Die räumliche Kohärenz kann so mehrere Millimeter betragen, wenn der aus der Lichtquelle ausgeblendete Bereich klein genug ist.

Die räumliche Kohärenz kann mit einem Interferenzexperiment, das erstmals der englische Physiker Thomas Young im Jahre 1802 realisiert hat, überprüft werden: es handelt sich um das Doppelspalt-Interferenzexperiment. Die beiden Spalte werden dabei gleichzeitig von der zentralen Ordnung des Spaltes beleuchtet, der die Kohärenz herstellt. Dieser Spalt ist in Abb. 12, die das Youngsche Interferenzexperiment zeigt, als Kollimationsspalt bezeichnet.

Das Licht legt zum Auffangschirm zwei Wege s_1 und s_2 zurück, die durch die beiden Spalte festgelegt werden. Beide Wege zum Schirm sind unterschiedlich lang, weshalb sich an den verschiedenen Orten des Auffangschirms verschiedene Phasen der Wellen überlagern, was so zu einem Streifenmuster mit abwechselnden hellen und dunklen Streifen führt. Historisch ist dieses Experiment von größter Wichtigkeit. Es wurde als einer der Beweise dafür angesehen, daß Licht eine Welle ist.

Das Experiment läßt sich aber ebensogut im Photonenbild des Lichtes verstehen: Die Interferenz kommt hier zustande, da nicht bekannt ist, ob das Photon den Weg durch den einen Schlitz oder den anderen nimmt. Es ist eine interessante Tatsache – sie wurde experimentell mehrfach überprüft –, daß auch mit stark abgeschwächtem Licht noch ein Interferenzmuster entsteht. Die Erklärung dieses Phänomens kann im Rahmen der Quantenmechanik und Quantenoptik erfolgen, auf die wir später noch eingehen werden. Als Appetitanreger wollen wir hier anmerken, daß selbst dann noch ein Interferenzmuster erzeugt wird, wenn sich maximal nur ein Photon in der Anordnung befindet. Das Licht wird also so stark abgeschwächt, daß

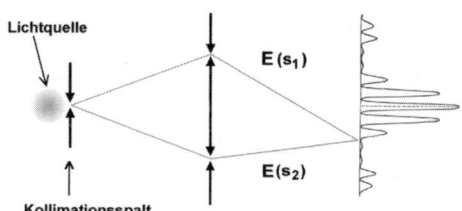

Abb. 12: Youngsches Interferenzexperiment.

49

die einfallende Intensität weniger als ein Photon pro Durchlaufzeit durch die Apparatur ausmacht. Man sollte annehmen, daß nun das Photon entweder durch den einen oder anderen Schlitz geht, da wir ein Teilchen-Verhalten erwarten. Und doch kommt es zur Interferenz. Interessant wird es dann, wenn man versucht, die Natur zu überlisten, und einen Apparat baut, der dem Beobachter die Möglichkeit gibt festzulegen, welchen Weg das Photon genommen hat. In diesem Fall verschwindet das Interferenzmuster sofort. Die Unsicherheit über den Weg ist dann aufgelöst und demnach auch die Möglichkeit der Interferenz des Photons mit sich selbst. Wie bereits erwähnt, werden wir diese Problematik später in Abschnitt 4.1 noch ausführlich diskutieren.

Wir wollen uns nun der Messung der *zeitlichen* Kohärenz einer Lichtquelle zuwenden. Diese Eigenschaft kann mit Hilfe des Michelson-Interferometers erfolgen. Ein Schema der Anordnung ist in Abb. 13 gezeigt. Das Interferometer wurde in dieser Form erstmals 1880 von dem amerikanischen Physiker Albert Michelson realisiert. Der einfallende Lichtstrahl wird durch einen Strahlteiler aufgeteilt. Bei dem Strahlteiler handelt es sich um einen teildurchlässigen Spiegel, der etwa die Hälfte der Intensität reflektiert und den Rest transmittiert. Der Lichtstrahl durchläuft dann zwei verschiedene Wege, wird durch Spiegel zurückgeführt und wird am Strahlteiler wieder kombiniert und kann dann mit einem Fernrohr beobachtet werden. Nehmen wir an, daß beide Wege s_1 und s_2 gleich lang sind, so stimmen die Phasen beider Wellen nach der Rekombination auf dem Strahlteiler wieder exakt überein. (Wir sollten hier noch erwähnen, daß es durch das Material des Spiegelträgers, selbst bei Gleichheit von s_1 und s_2, zu einem Gangunterschied kommt, den wir hier vernachlässigen wollen. Man kann diesen Gangunterschied durch eine Kompensationsplatte in einem der Arme im Prinzip ausgleichen.) Es kommt zur konstruktiven Interferenz, wobei die ursprüngliche Intensität vor der Aufteilung am Strahlteiler wiederhergestellt wird. Da das Grundprinzip der Energieerhaltung jedoch nicht verletzt sein darf, muß die Phase am anderen Ausgang (Weg zur Lichtquelle) gerade so sein, daß sich die Strahlen dort auslöschen und somit kein Licht registriert wird. Genau dies ist der Fall. Die genaue Analyse zeigt, daß die Phasenänderungen am Strahlteiler für die einzelnen Strahlen genau dieses bewirken. Wenn nun der eine Spiegel 1 bewegt wird, verändert sich dementsprechend auch die Phase des einen Lichtstrahls relativ zu dem im anderen Arm des Interferometers. Dies führt zu einer unterschiedlichen Interferenz an den Ausgängen des Interferometers. Der eine Ausgang am Fernrohr wechselt langsam von hell zu dunkel. Wir haben die beim Michelson-Interferometer beobachtete Interferenzstruktur bereits in Abb. 1 b–d veranschaulicht. In diesem Falle haben wir eine Rotationssymmetrie vorliegen, so daß wir Interferenzringe beobachten. Den Kontrast der Interferenzringe bezeichnet man als Visibilität. Der Abstand, um den man den einen Spiegel verändern muß, um von hell über dunkel wieder zu hell zu gelangen, ist extrem gering. Es handelt sich nur um eine halbe Wellenlänge, typischerweise nur weniger als ein Tausendstel eines Millimeters. Deswegen stellt ein solches Interferometer ein extrem empfindliches Meßgerät dar. Wir haben dies bereits in Abb. 1 an der dort gezeigten Bildsequenz erläutert.

Wird der eine Interferometerarm immer weiter verlängert, wird man bei einer Entladungslampe als Lichtquelle feststellen, daß die Unterschiede zwischen hell und dunkel immer kontrastärmer werden bis schließlich auch bei weiterer Verlängerung keine Intensitätsschwankungen mehr zu sehen sind. Man hat in diesem Falle die Wegunterschiede größer als die Kohärenz-

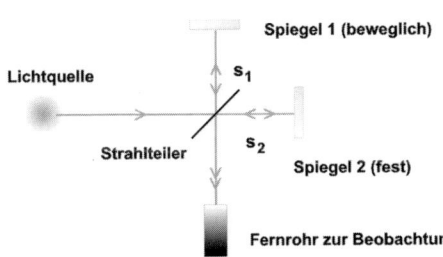

Abb. 13: Michelson-
Interferometer.

länge des Lichtes werden lassen. Die Phasenunterschiede auf den beiden Wegen sind so groß , daß sich die Wellenringe nicht mehr überlappen. Im Photonenbild ausgedrückt: Der Unterschied der Weglängen ist so groß geworden, daß sich die Wahrscheinlichkeitsverteilungen der Photonen für die beiden Wege nicht mehr überlappen. Nach unserer heutigen Vorstellung dürfen wir uns die Photonen nicht als lokalisierte Teilchen vorstellen, sie sind dagegen über einen bestimmten Bereich verschmiert, der etwa der Kohärenzlänge der Lichtquelle entspricht. Durch den Strahlteiler wird nun die Wahrscheinlichkeit, das Photon zu finden, in zwei Bereiche aufgeteilt. Wenn der Wegunterschied in den beiden Interferometerarmen zu groß ist, überlappen diese Bereiche nicht mehr am Detektor, und es wird möglich, den Pfad, den ein Photon genommen hat, über dessen Ankunftszeit am Detektor zu bestimmen. Die Quantenmechanik läßt daher kein Interferenzsignal mehr zu. Aus der Kohärenzlänge, die im Michelson-Interferometer bestimmt wird, läßt sich mit Hilfe der Lichtgeschwindigkeit die Kohärenzzeit der Photonen und damit die zeitliche Kohärenz bestimmen.

Wird das Interferometer mit dem Licht einer Glühbirne beleuchtet, beträgt die Kohärenzlänge nur wenige Tausendstel eines Millimeters. Wird das Licht der Glühbirne erst durch ein Farbfilter gefiltert, verlängert sich die Kohärenzlänge auf einige Hundertstel eines Millimeters. Spektrallampen, die nur wenige Spektrallinien eines Elementes emittieren, bringen es immerhin auf Kohärenzlängen von einigen Millimetern. Wirklich beeindruckend wird es dann im Fall des Lasers: Hier sind leicht Kilometer möglich. Eine wahrhaft imposante Kohärenzlänge. Offenbar ist die Kohärenz mit der Frequenzbreite des Lichts verknüpft.

Das Michelson-Interferometer hat daneben auch noch viele interessante Anwendungen: Es kann, wie bereits erwähnt, zur hochpräzisen Längenmessung eingesetzt werden. Messung von Oberflächenbeschaffenheit ist eine weitere Anwendung. Ebenso wurde es historisch zur Spektralanalyse eingesetzt. Je nach der spektralen Zusammensetzung der verwendeten Lichtquelle ist der Abfall des Kontrastes der Interferenzen bei Verlängerung eines Interferometerarms sehr verschieden. Es kann sogar vorkommen, wie im Falle zweier benachbarter Linien, daß die Sichtbarkeit der Ringe abnimmt und dann wieder zunimmt, bis sie schließlich endgültig abfällt. Aus der Entwicklung der Sichtbarkeit der Interferenzmuster kann deshalb auf die Spektrallinienzusammensetzung geschlossen werden, d. h., man kann mit dem Interferometer spektroskopische Untersuchungen durchführen.

Für die Entwicklung der Physik hat das Michelson-Interferometer jedoch eine noch weitaus größere Bedeutung, da mit ihm gezeigt worden ist, daß die elektromagnetischen Wellen sich im Vakuum ausbreiten und kein zusätzliches Medium benötigen, wie dies früher angenommen wurde. Die Physik des 19. Jahrhunderts verharrte auf dem Standpunkt, daß alle physikalischen Erscheinungen als mechanische Erscheinungen gedeutet werden müßten, so sollten neben der Schwerkraft und Lichtfortpflanzung auch die elektromagnetischen Erscheinungen auf Bewegungen des Äthers beruhen (Ätherwellen).

In unserer Diskussion wollen wir uns nunmehr im nächsten Kapitel einer ideal kohärenten Lichtquelle, dem Laser, zuwenden. Laserlicht zeigt große räumliche Kohärenz und auch, wie bereits erwähnt, große zeitliche Kohärenz. Die Laserlichtquellen stellen damit für Licht Strahlungsquellen dar, wie die Radiosender oder Fernsehsender für den langwelligen Bereich der elektromagnetischen Strahlung.

3. Moderne Optik

In diesem Kapitel sollen einige Aspekte der modernen Optik diskutiert werden. Wir versuchen dabei der besonderen Bedeutung des Lasers durch ein gesondertes Teilkapitel gerecht zu werden. Wir können jedoch bei weitem nicht alle faszinierenden Einzelheiten des Lasers ansprechen. Durch den Laser sind die Experimente zum nichtklassischen Licht und zu den Quantenphänomenen, die wir dann später diskutieren werden, erst möglich geworden.

3.1 Der Laser

Wie schon angedeutet, hat der Laser wie kein anderes Instrument die moderne Optik dramatisch verändert und wesentliche Neuerungen und Fortschritte eingeläutet. Alles was im folgenden, wie auch in den folgenden Kapiteln diskutiert wird, wurde erst durch den Laser und seine besonderen Eigenschaften möglich. Aber nicht nur als Hilfsmittel der Grundlagenforschung, sondern auch in der Technik hat der Laser einen Siegeszug angetreten, der sicher weitergehen wird und eine Vielzahl weiterer Einsatzmöglichkeiten bringen wird, weitere Anwendungen, an die wir heute noch nicht denken. Der Laser ist bereits in unser tägliches Leben eingegangen, offensichtliche Beispiele sind der Laserscanner im Supermarkt oder der CD-Spieler. Digitale Informationsspeicherung und digitaler Informationsabruf auf einer CD werden erst durch den Laser möglich. Ein weiteres Beispiel ist der Laserdrucker, in dem der Laserstrahl das Papier selektiv an den Stellen präpariert, an denen der Toner später aufgebracht werden soll.

Obwohl der Laser an sich ein großes Gefahrenpotential für das menschliche Auge darstellt, kann er, richtig eingesetzt, wesentlich zum Wiedergewinn der vollen Sehkraft bei bestimmten Augenkrankheiten beitragen. Augenoperationen, durchgeführt mit dem Laser, werden zur Routine. Es ist nur noch eine Frage der Zeit, bis sich der Laser als Ersatz für den Bohrer beim Zahnarzt durchsetzt.

Das englische Akronym LASER steht für Light Amplification by Stimulated Emission of Radiation, oder Lichtverstärkung durch stimulierte Emission von Strahlung. Und genau das macht der Laser. Wie wir im Kapitel 2 gesehen haben, können Atome oder auch Moleküle kohärente Photonen durch einen stimulierten Übergang von einem höhergelegenen Energiezustand zu einem niedrigeren Zustand erzeugen. Soll also eine Lichtverstärkung stattfinden, muß dafür gesorgt werden, daß zum einen eine Rückkopplung stattfindet, d. h., einmal erzeugte Photonen müssen mehrmals durch das verstärkende Medium geschickt werden, damit immer weitere Photonen durch stimulierte Emission erzeugt werden können. Damit diese Verstärkung eintritt, muß im Medium eine Besetzungsinversion oder -umkehr vorliegen, d. h., daß mehr Atome im angeregten Zustand sind als im Grundzustand, da ansonsten durch den konkurrierenden Prozeß der Absorption zu viele Photonen verlorengingen.

Die wesentlichen Bestandteile eines Lasers sind also ein Lasermedium, in dem sich geeignete Atome zur Anregung befinden, eine starke Pumpquelle, die im jeweiligen Lasermedium eine Besetzungsumkehr erzeugt, sowie Spiegel, die die einmal erzeugten Photonen ins Medium rückkoppeln. Abbildung 14 zeigt das Schema eines Rubinlasers, den der Amerikaner Theodore H. Maiman am Hughes Research Laboratory (Malibu, Kalifornien) 1960 erstmals realisiert hat. Das aktive Material war ein Rubin-Stab, der durch Blitzlampen angeregt wurde. Maiman war damals der Leiter einer Abteilung für Quanten-Elektronik, einer Forschungseinrichtung, die sich

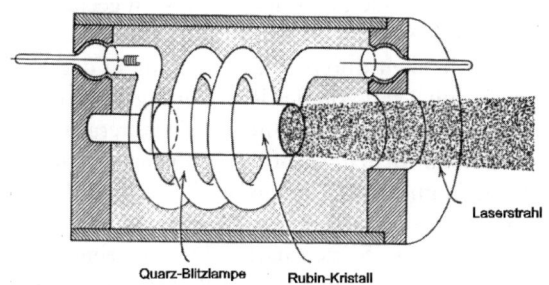

Laserstrahl

Quarz-Blitzlampe **Rubin-Kristall**

Abb. 14: Erste Laseranordnung, wie sie von T. Maiman 1960 realisiert worden ist. Das Lasermedium war Rubin, das aus Saphir (Al_2O_3) besteht, das mit Chrom dotiert ist (0.05 Gewichtsprozent). Die notwendige Inversion in den Cr^+-Ionen des Rubins wurde durch eine Blitzlampe erzeugt. Die Resonatorspiegel wurden direkt auf die Endflächen des Rubinkristalls aufgedampft.

nach der Erfindung des Masers entwickelt hatte. Der Maser ist das Analogon zum Laser im Mikrowellenbereich (der Anfangsbuchstabe **M** anstelle von **L** steht dabei für microwave). Es war Maiman vor der Erfindung des Lasers schon gelungen, einen Rubin-Maser zu entwickeln, der bei Temperaturen betrieben werden konnte, die höher waren als die des flüssigen Heliums. Im Zusammenhang mit diesen Arbeiten hatte er sehr ausführlich die Spektren des Rubins untersucht und erkannt, daß dieses Material auch für einen Maser mit einer Emission im sichtbaren Spektralbereich, für den optischen Maser, wie der Laser damals zunächst genannt wurde, sehr geeignet war. Im Juni 1960 hatte Maiman in der renommierten Fachzeitschrift *Physical Review Letters* eine Arbeit über das Rubin-Spektrum publiziert, die die wesentlichen Ergebnisse seiner Forschungsarbeiten über das Rubin-Spektrum enthielt.

Eine Kuriosität ist, daß die eigentliche Arbeit von Maiman über den „optischen Maser" von der angesehenen amerikanischen Fachzeitschrift *Physical Review Letters* mit dem Hinweis zurückgewiesen wurde, die Maser-Forschung habe inzwischen ein Entwicklungsstadium erreicht, das keine schnelle Publikation mehr rechtfertige; außerdem hatte sich allgemein die Meinung ausgebildet, daß der Rubin kein geeignetes Material für einen Maser im optischen Bereich darstelle. So kam es, daß die Öffentlichkeit durch eine Mitteilung in der New York Times vom 7. Juli 1960 von der Realisierung des Lasers erfuhr, bevor es zu einer Publikation in der Fachliteratur kam. Die ersten wissenschaftlichen Veröffentlichungen erschienen dann in *Nature* im August 1960 und in der Zeitschrift *British Communication and Electronics* etwa einen Monat später. An diese britischen Zeitschriften hatte Maiman seine Publikation geschickt, nachdem sie von *Physical Review Letters* zurückgewiesen worden war. Einige Monate später wurde dann in den Laboratorien der Bell Telephone Company der erste Gaslaser gebaut. An dieser Entwicklung waren in erster Linie A. Javan, W. R. Bennet Jr. und D. R. Herriot beteiligt. Der Öffentlichkeit wurde dieser Laser im Rahmen einer Pressekonferenz am

31. Januar 1961 vorgestellt, die erste wissenschaftliche Veröffentlichung erschien in *Physical Review Letters* im Februar 1961. Die Anordnung des ersten Gaslasers ist in Abb. 15 gezeigt.

Wir wollen nach diesem historischen Ausflug wieder zur ersten Laseranordnung in Abb. 14 zurückkehren. Die Anordnung der Spiegel im Laser wird als Resonator bezeichnet. Man unterscheidet lineare Resonatoren und Ringresonatoren. Bei den ersteren wird das Licht immer wieder hin- und herreflektiert, wodurch sich im Resonator eine stehende Welle ausbildet. Die Welle im Resonator scheint sich nicht mehr zu bewe-

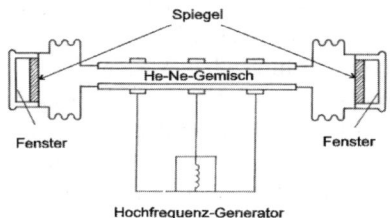

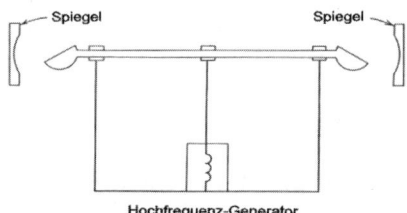

Abb. 15: Schema des ersten Gaslasers, der 1961 von Ali Javan realisiert worden ist. Die Entladungsröhre enthielt ein Gemisch von Helium- und Neon-Atomen. Die Anregung des Neons geschieht mit Hilfe der He-Atome. Die Laserübergänge sind Übergänge des Ne-Atoms. Die Entladung wurde durch einen Kurzwellensender angeregt, damit das Gas nicht durch Elektroden im Innern der Röhre verunreinigt wird. Bei der ersten Anordnung (oberes Bild) wurden die Laserspiegel in die Röhre eingebaut. Dies hat man später durch die Verwendung von Brewster-Fenstern vermieden. Wie erwähnt, treten in diesen Fenstern für eine Polarisationsrichtung (hier senkrecht zur Zeichenebene) keine Verluste auf. Das Licht dieses Lasers ist deshalb polarisiert.

gen, sondern bildet Knoten, an denen die Feldstärke immer null ist und Bäuche, an denen die Feldstärke zwischen den positiven und negativen Maximalwerten hin- und heroszilliert. Nur für solches Licht, für das eine ganze Zahl von halben Wellenlängen in den Resonator paßt, liegt eine Resonanz vor. Man spricht auch von den longitudinalen Moden des Resonators. Sie werden dadurch bestimmt, daß das elektrische Feld auf den Spiegeloberflächen null betragen muß. Ein Resonator besitzt eine Vielzahl solcher Moden, deren Frequenzabstand durch $c/2L$ gegeben ist, wobei L die Länge des Resonators ist und c die Lichtgeschwindigkeit bedeutet.

In Ringresonatoren bilden sich lediglich laufende Wellen aus. Es können sich somit zwei unabhängige Wellen – eine in und eine gegen den Uhrzeigersinn ausbilden. Die Resonanzbedingung hängt mit der Interferenz zusammen, die bei einer aufeinanderfolgenden Zahl von Umläufen im Resonator zustande kommt. Sie muß konstruktiv erfolgen, so daß es erforderlich ist, daß eine ganzzahlige Anzahl von ganzen Wellenlängen in den Resonator paßt: Der Modenabstand ist entsprechend durch c/L gegeben.

Als Medium für den Laser kommen die verschiedensten Materialien in Frage. Es können dies Gase, entweder atomarer Natur oder in Form von Molekülen, Substanzen gelöst in Flüssigkeiten oder auch Festkörper sein. Die Pumpenergie kann durch elektrische Ströme, Entladungen, Lichtpulse von Blitzlampen oder auch durch andere Laser erzeugt werden. Bevor wir jedoch zu weit in das Funktionsprinzip des Lasers einsteigen, soll zunächst nochmals ein kurzer historischer Überblick gegeben werden.

Albert Einstein stellte im Jahre 1916 bei seiner einfachen Ableitung der Planckschen Strahlungsformel die Bilanzgleichungen für ein atomares Zwei-Niveau-System auf, bestehend aus Grundzustand und angeregtem Zustand. Diese beschreiben das Gleichgewicht zwischen der Bevölkerung der beiden Zustände und den Emissions- und Absorptionsprozessen in diesem Modellatom. Es wurde danach klar, daß in diesem vereinfachten Zwei-Niveau-System keine Verstärkung erzielt werden kann. Dies liegt daran, daß nur dann Energie gewonnen werden kann, wenn die stimulierte Emission stärker als die Absorption ist. Da zusätzlich noch die spontane Emission stattfindet, ist bei einem Zwei-Niveau-System die Bevölkerung des oberen Zustands stets niedriger oder allenfalls gleich der Besetzung des Grundzustandes. Um zu einem Laser zu gelangen, müssen also kompliziertere Systeme verwendet werden.

Die Frage, ob der Laser schon vor 1960 hätte realisiert werden können, ist oft gestellt worden; dies aus gutem Grund, denn seine physikalischen Grundlagen sind bereits durch die oben erwähnte Arbeit von Einstein zu Beginn unseres Jahrhunderts erarbeitet worden. Ein experimenteller Nachweis der stimulierten Emission gelang erstmals in den späten zwanziger Jahren, als Rudolf W. Ladenburg und Hans Kopfermann in Berlin die Dispersion, das heißt die Wellenlängenabhängigkeit des Brechungsindex, in Gasentladungen von Neon in der Nähe von Emissionslinien untersuchten. Ihre Ergebnisse konnten nur durch Berücksichtigung der stimulierten Übergänge erklärt werden; die Entladungsbedingungen waren jedoch nicht geeignet, eine Überbesetzung des angeregten Zustandes zu erreichen und damit eine Verstärkung durch stimulierte Emission zu erzielen. Wahrscheinlich wurde es damals für unmöglich gehalten, daß man in einer Entladung eine Umbesetzung erreichen kann. Hinzu kommt noch, daß die Lebensdauer von atomaren Niveaus auf Grund der spontanen Emission mit der dritten Potenz der Übergangsfrequenz kürzer wird, wodurch es bei Übergängen im sichtbaren Bereich grundsätzlich schwierig wird, eine Besetzungsumkehr zu erzielen.

Die Entwicklung der Radartechnik im Zweiten Weltkrieg hat dem Physiker leistungsfähige Strahlungsquellen im Mikrowellenbereich in die Hand gegeben, so daß es in den Jahren nach 1940 zu einer stürmischen Entwicklung der Hochfrequenzspektroskopie kam. Hervorzuheben sind dabei die Arbeiten der Schule von I. Rabi an der Columbia University in New York. Rabi hatte 1937 die Molekularstrahlresonanzmethode erfunden, die dann während des Zweiten Weltkrieges von seinen Schülern für viele Präzisionsmessungen eingesetzt wurde. Die damaligen Messungen von W. Lamb und P. Kusch haben zur Entwicklung der Quantenelektrodynamik geführt beziehungsweise deren Aussagen experimentell bestätigt. Ähnlich bedeutsam war die Entdeckung der Kernspinresonanzmethode durch F. Bloch (Stanford) und E. M. Purcell (Harvard) im Jahr 1946. In Frankreich entdeckten 1949 A. Kastler und Mitarbeiter die Doppelresonanzmethode und drei Jahre später die Methode des optischen Pumpens. Diese Methoden und Messungen waren von so großer Bedeutung, daß alle genannten Physiker mit dem Nobelpreis ausgezeichnet wurden. Wesentlich war auch, daß die Hochfrequenzmethoden dazu beigetragen haben, das Verständnis über die Thermodynamik der Zustandsbesetzung zu verbessern und zu erweitern, da die Beobachtbarkeit der Hochfrequenzübergänge zur Voraussetzung hat, daß die Besetzung der Zustände von der Normalverteilung abweicht. Die von A. Kastler entwickelte Methode des optischen Pumpens hat zum Beispiel eine Möglichkeit aufgezeigt, wie durch Lichteinstrahlung angeregte Zustände stärker als tiefere Zustände besetzt werden können, die Voraussetzung für eine Verstärkung durch stimulierte Strahlung. Stetig wurde somit der Weg geebnet, der zum Maser führte.

Joseph Weber (Universität von Maryland) hat 1952 bei der Electron Tube Research Conference in Ottawa das Maser-Prinzip detailliert beschrieben; die kohärente Verstärkung wurde dabei diskutiert, jedoch fehlte noch der Hinweis, daß das Prinzip auch in der Lage ist, Mikrowellenstrahlen zu erzeugen (J. Weber ist viele Jahre später durch seine Versuche zum Nachweis von Gravitationswellen sehr bekannt geworden). Von Webers Vorschlag erfuhr auch C. Townes, der damals als Professor an der Columbia University sehr eng mit der Gruppe von Rabi zusammenarbeitete. Er erkannte, daß das Prinzip als Oszillator ausgenutzt werden konnte, und realisierte zusammen mit seinen Mitarbeitern im Jahr 1953 den ersten Maser. Wenige Monate später wurde in der ehemaligen UdSSR von N. G. Basov und A. M. Prokhorov ein nach etwas anderem Prinzip arbeitender Maser verwirklicht. In der UdSSR war der Maser bereits 1951 von V. A. Fabrikant patentiert worden.

Das Patent war sehr allgemein formuliert und enthielt auch bereits einen Hinweis auf den Laser. Townes, Basov und Prokhorov sind für die Erfindung des Masers 1964 mit dem Nobelpreis für Physik ausgezeichnet worden.

Zunächst sollte man annehmen, daß der Schritt vom Maser zum optischen Maser beziehungsweise Laser sehr klein sei; es waren jedoch fünf Jahre Entwicklungsarbeit dazu notwendig. Der Grund war, daß es sehr schwer ist, für Licht einen Resonator zu realisieren. Die Wellenlänge ist sehr viel kürzer, man konnte deshalb keinen allseitig geschlossenen Kasten als Resonator verwenden. Die Lösung wurde von C. Townes und seinem Schwager A. Schawlow, der damals im Forschungslabor der Bell Telephone Company tätig war, gefunden. Sie erkannten, daß der optische Resonator aus parallel aufgestellten, hochreflektierenden Spiegeln bestehen muß. Diese Erkenntnis lag für Schawlow nahe, da er auf dem Gebiet der hochauflösenden Spektroskopie tätig war und Fabry-Perot-Interferometer, die aus zwei parallel angeordneten, hoch reflektierenden Spiegeln bestehen, als hochauflösende Spektralapparate für seine Untersuchungen verwendet hatte. Townes und Schawlow haben gezeigt, daß eine Fabry-Perot-Anordnung, obwohl sie seitlich offen ist und die Strahlung dort austreten kann, trotzdem einen guten optischen Resonator darstellt, wenn man nur Wellen betrachtet, die senkrecht auf die Spiegel auftreffen. Diese Schwingungsverteilung entspricht einer stehenden Welle zwischen den Spiegeln; sie führt dazu, daß das Licht als feiner Strahl mit sehr guter Bündelung durch den teildurchlässigen Spiegel austritt.

Die Arbeit der beiden Wissenschaftler, die Ende 1958 publiziert wurde, enthielt auch eine Berechnung der spektralen Verteilung des Laserlichtes. Das Ergebnis besagt, daß die Linienbreite durch die spontanen Übergänge im Lasermedium bestimmt wird, da diese die kohärente Oszillation im Laser stören und eine Änderung der Schwingungsphase bewirken. Die Breite liegt im Bereich von einem Hertz; dies entspricht einem Wert, der neun Größenordnungen kleiner ist als bei herkömmlichen Lichtquellen. Dies prädestiniert den Laser für

Präzisionsuntersuchungen, wie sie später auch durchgeführt wurden.

Zwei Dinge sollten noch bei dieser historischen Betrachtung erwähnt werden. Townes und Schawlow hatten über die Bell Telephone Company ein Patent auf den Laser eingereicht und 1960 zugesprochen bekommen. Die Patentstelle hatte zunächst die Anmeldung verweigert, da „der optische Maser sicherlich keine Bedeutung für die Nachrichtenübertragung erlangen wird". Erst auf starkes Drängen der beiden Wissenschaftler wurde dann die Anmeldung doch vorgenommen.

Im Jahr 1959 hatte auch G. Gould über die Firma TRG ein Patent auf den Laser angemeldet. Gould war Research Assistant am Columbia Radiation Laboratory in der Zeit als Townes an derselben Universität den Maser entwickelte und an den Grundlagen zum Laser arbeitete. Es bestand jedoch nur ein loser Kontakt zwischen beiden; Gould konnte in einem langjährigen Patentstreit nachweisen, daß er unabhängig von Townes und Schawlow zu den gleichen Ergebnissen gekommen war. Ihm wurde daher nach dem Ablauf des Patentes von Townes und Schawlow im Jahr 1977 (in den USA ist die Laufzeit eines Patents 17 Jahre) ein Patent erteilt, und er erhielt später sogar Lizenzgebühren von Laserherstellern.

Nach diesem historischen Überblick soll nunmehr auf die besonderen Eigenschaften des Lasers eingegangen werden. Wie eingangs erwähnt, entsteht der Laserstrahl durch fortwährende Verstärkung der einmal durch spontane Emission entlang der Resonatorachsen emittierten Photonen. Der Strahl ist demnach stark gerichtet und im allgemeinen beugungsbegrenzt, d.h., die Aufweitung wird nur durch die Beugung an den Spiegeln des Resonators bestimmt, die überaus klein ist. Diese starke Bündelung macht den Laser auch so gefährlich für das menschliche Auge. Während eine Glühbirne von 40 Watt Leistung in alle Richtungen abstrahlt und deshalb für das Auge ungefährlich ist, reichen bereits wenige Tausendstel dieser Leistung in einem Laser aus, um bleibende Schäden im menschlichen Auge zu erzeugen. Um eine weitere Vergleichszahl zu nennen: Etwa ein zehntel Watt reichen bei Fokussierung aus, um

z. B. eine Zigarette mit einem Laser anzuzünden. Eine Aufgabe, die eine 100-Watt-Glühbirne zu Hause nicht leisten kann. Zugegebenermaßen ist das Anzünden einer Zigarette nicht eine der wichtigeren Anwendungen des Lasers, die Besonderheiten werden jedoch hierdurch sehr gut demonstriert. Laserlicht kann über große Entfernungen transportiert werden. Als Beispiel zeigt Tafel 4 das Bild eines Laserstrahles über der Stadt Köln. Obwohl der Strahl eine große Entfernung (in der Abbildung etwa 5 km) zurücklegt, scheint der Durchmesser sich nicht zu vergrößern.

Bei den ersten Mondlandungen Anfang der siebziger Jahre sind Spiegel auf dem Mond aufgestellt worden, die von der Erde kommendes Laserlicht reflektieren. Mit gepulstem Laserlicht konnte aus der Laufzeit des Lichts die Entfernung Erde–Mond mit sehr großer Präzision bestimmt werden. Wegen der geringen Divergenz hat der Laserstrahl auf dem Mond nur einen Durchmesser von 1 km.

Je nach Frequenzbreite der Verstärkung innerhalb des Mediums kann die Emission über einen sehr breiten Bereich erfolgen. Dies können im Falle von Farbstofflasern mehrere Nanometer sein, aber auch im Falle von Festkörperlasern mehrere hundert Nanometer. Im allgemeinen werden solche Laser mit frequenzselektiven optischen Elementen im Resonator betrieben, so daß das Emissionsprofil wirkungsvoll eingeschränkt wird und eine schmalbandige Emission erfolgt. Trotzdem kann aber durch eine Änderung der Orientierung dieser Elemente innerhalb des Resonators die Frequenz geändert werden, was wichtig für manche Anwendungen sein kann. Diese Laser lassen sich z. B. auf atomare Resonanzen abstimmen, wodurch interessante Experimente möglich werden, d. h., die Energie der erzeugten Photonen stimmt mit der Energie zwischen atomaren Niveaus überein.

Wie bereits erwähnt, gibt es verschiedene Arten von Lasern. Eine grundlegende Klassifizierung läßt sich durch die ausgestrahlte Frequenz erreichen. Es gibt Laser mit fester Frequenz und solche mit veränderlicher oder abstimmbarer Frequenz. Zu den ersteren gehören Gaslaser wie Excimer-, Helium-

Neon-Laser oder Argon-Ionen-Laser und Nd:YAG-Festkörperlaser (sprich: Neodymium Yäg). Zu denjenigen mit veränderbarer Frequenz gehören die Farbstofflaser, Festkörperlaser wie Titan:Saphir- oder Alexandrit-Laser und Halbleiterlaser. Aber auch der im Infrarot arbeitende CO_2-Laser oder Freie-Elektronen-Laser gehören zur abstimmbaren Klasse, wobei der CO_2-Laser zwischen einer Vielzahl von diskreten Linien verstellt werden kann.

Wir können nicht alle Lasertypen im Detail besprechen, weshalb einige wenige gezielt als Beispiele herausgegriffen werden sollen. Sie haben entweder eine große technische Bedeutung oder stellen eine Besonderheit in der Entwicklung der Laser dar.

Der Nd:YAG-Laser arbeitet im Infraroten bei 1064 nm. Da auch in wesentlich kleinerem Maßstab hohe Leistungen erzeugt werden können, wird dieser Laser oft frequenzverdoppelt und als Pumplaser für Ti:Saphir- und Farbstofflaser eingesetzt, aber auch in Optischen Parametrischen Oszillatoren verwendet (s. Abschnitt 3.3). Der Laser hat auch viele Anwendungen in der Technik gefunden, z.B. beim Schweißen und Bohren.

Für viele Anwendungen in der Forschung sind abstimmbare Laser wichtig, die in einem bestimmten Bereich jede gewünschte Frequenz erzeugen können. Dieses Ziel wurde erstmals mit dem Farbstofflaser verwirklicht, der unabhängig voneinander vom deutschen Physiker Fritz Schäfer in Göttingen und vom Amerikaner Peter Sorokin bei IBM in New York erfunden wurde. Im Farbstofflaser werden organische, synthetisch hergestellte Farbstoffe, die in einem Lösungsmittel gelöst werden, als Lasermedium benutzt. Die Farbstoffe bestehen aus einer Vielzahl von Atomen, trotzdem sind die Spektren relativ einfach. Der wesentliche Punkt ist, daß die Energiezustände breite Bänder darstellen, die es erlauben, die Emission von außen zu beeinflussen. Dieses Verstimmen geschieht mit frequenzselektiven Elementen, die in den Resonator eingebaut werden. Auf diese Weise kann die Ausgangswellenlänge kontinuierlich verändert werden. Es gibt eine Vielzahl verschiedener

Farbstoffe, so daß der gesamte sichtbare Bereich abgedeckt werden kann. Ein weiterer wesentlicher Punkt ist, daß die Anregung des Laserfarbstoffs bei einer kürzeren Wellenlänge erfolgt als die Laseremission; es findet also keine Absorption des Lasermediums bei der Laserwellenlänge statt, was die Verluste klein hält. Die Verschiebung zwischen Anregung und Emission führt jedoch dazu, daß Energie in Wärme umgewandelt wird, deshalb muß der Farbstoff gekühlt werden. Die Farbstoff-Flüssigkeit wird zu diesem Zweck durch die Laserzelle zirkuliert.

Je nach Pumpquelle können Farbstofflaser kontinuierlich arbeitende oder gepulste Laser sein. Ihre Haupteinsatzgebiete liegen in der Spektroskopie und anderen Experimenten zur Grundlagen- und angewandten Forschung. Das Schema eines Farbstofflasers ist in Abb. 16 gezeigt. Farbstoffe als Lasermedium eignen sich auch hervorragend zur Herstellung ultrakurzer Laserpulse (siehe Abschnitt 3.2). Die Linienbreiten, die mit kontinuierlich arbeitenden Lasern erreicht werden können, sind extrem schmal. In der Tat können sie so schmal sein, daß der Weltrekord für die mittlere Frequenzunsicherheit nur

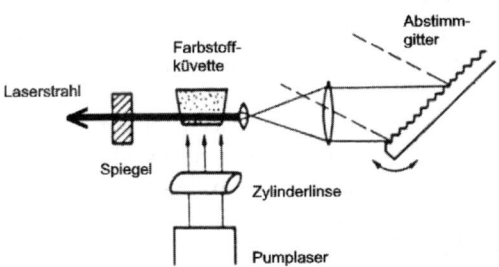

Abb. 16: Schema eines gepulst angeregten Farbstofflasers. Als Pumplaser wird für diesen Typ im allgemeinen ein Excimer-Laser verwendet. Ein Resonatorspiegel ist bei dieser Anordnung durch ein Spektralgitter ersetzt worden. Das Gitter bewirkt, daß nur ein schmaler Wellenlängenbereich in den Laserresonator zurückreflektiert wird, wodurch die Emissionswellenlänge des Lasers festgelegt wird. Durch Drehen des Gitters kann die Ausgangswellenlänge des Lasers verstellt werden. Bei einem zeitlich kontinuierlich arbeitenden Farbstofflaser wird die Frequenzselektion des Lasers durch kompliziertere frequenzselektive Elemente vorgenommen.

wenige Hz beträgt und dies bei einer Frequenz von etwa 10^{15} Hz. Dies bedeutet, daß die Frequenz des Lasers bis auf wenige Schwingungen pro Sekunde genau festgelegt werden kann. Diese Genauigkeit ist so unglaublich hoch, daß man – um die Genauigkeit zu übertragen – mit einem Metermaßstab auf ein Billionstel eines Millimeters messen müßte! Die Kohärenzlänge eines solchen Lasers beträgt etwa 100 000 km.

Trotz der guten Eigenschaften des Farbstofflasers sucht man nach Alternativen. Die Gründe sind darin zu sehen, daß die Farbstoffe recht unterschiedliche Lebenszeiten und auch sehr verschiedene Effizienzen aufweisen. Die Notwendigkeit des relativ häufigen Farbstoffwechsels macht den Farbstofflaser nicht zu einem besonders anwenderfreundlichen System.

Mögliche Alternativen wurden vor allem in Festkörperlasern gesehen. Der Ti:Saphir-Laser hat sich in letzter Zeit zu einer dieser Alternativen entwickelt. Das Lasermedium sind Titanatome, die in einen Saphirkristall eingebaut werden. Man spricht auch davon, daß der Kristall mit Titanatomen dotiert wird. Sie ersetzen Aluminiumatome im Kristallgitter des Saphirs und liegen dann innerhalb des Gitters als dreifach geladene Ionen vor, d. h., drei Elektronen des Titanatoms werden innerhalb des Kristalls verteilt. Das interessante an diesem Vier-Niveau-Laser ist, daß das untere Laserniveau durch phononische Niveaus, also Gitterschwingungen gebildet wird. Aus diesem Grund kann der Laser über einen weiten Bereich abgestimmt werden. Sieht man von optischen parametrischen Oszillatoren (s. Abschnitt 3.3) ab, besitzt er den größten Abstimmbereich aller Laser. Er reicht vom Roten weit in den infraroten Bereich, namentlich von 700 bis 1100 nm! Saphir hat ausgezeichnete mechanische Eigenschaften, außerdem hält er auch hohen Temperaturen stand, weswegen der Ti:Saphir-Laser mit sehr hohen Pumpenergien betrieben werden kann. Dies macht hohe Ausgangsleistungen möglich. Darüber hinaus kann der Abstimmbereich mit Hilfe der nichtlinearen Optik durch Mischen verschiedener Laserfrequenzen noch wesentlich weiter ausgedehnt werden.

In letzter Zeit werden Diodenlaser immer wichtiger. Sie

haben einen wesentlich kleineren Abstimmbereich als Ti:Saphir-Laser, haben aber den großen Vorteil der starken Miniaturisierung. Es handelt sich um Halbleiterchips ähnlich denen, die in Computern eingesetzt werden. Durch entsprechende Dotierung und Anordnung der verschiedenen Halbleiterschichten kann erreicht werden, daß ein elektrischer Strom zur Rekombination von Elektronen und sogenannten Löchern führt, wobei Photonen erzeugt werden (siehe Abb. 17). Der Laserresonator wird durch die Endflächen des Halbleiterchips gebildet. Durch den hohen Brechungsindex hat dieser ohne zusätzliche Maßnahmen bereits ein hohes Reflexionsvermögen. Da Verluste praktisch keine Rolle spielen, ist der Diodenlaser ein extrem effizienter Laser. Wegen seiner geringen Produktionskosten ist er ideal für Massenprodukte und so wird er logischerweise in CD-Spielern (CD steht für compact disc) und auch in Laserdruckern eingesetzt. Durch die Möglichkeiten der Miniaturisierung ist er aber auch in der integrierten Optik und bei der Nachrichtenübertragung der Laser der Wahl.

Wegen der Energie-Baustruktur der bekannten Halbleiter ist der verfügbare Frequenzbereich für den Diodenlaser aber noch

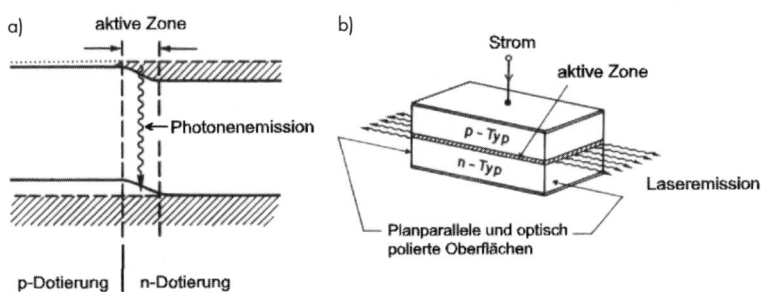

Abb. 17: Halbleiterlaser. Teil a zeigt die Übergänge, die bei dem Laser relevant sind. Es handelt sich um Photonenemission aufgrund eines Überganges zwischen Leitungs- und Valenzband. Die Überbesetzung des Leitungsbandes wird in der Übergangszone zwischen einem n-dotierten und p-dotierten Halbleiter hergestellt. Nur in diesem Bereich ist eine Besetzung des Leitungsbandes vorhanden und gleichzeitig Löcher im Valenzband (herrührend vom p-dotierten Halbleitermaterial).

auf den roten und nah-infraroten Frequenzbereich eingeschränkt. Es wird jedoch fieberhaft an einer Ausweitung ins
„Blaue" gearbeitet. Blaue Wellenlängen würden eine wesentlich höhere Speicherkapazität für CDs ermöglichen. Auf
Grund der Beugung kann Licht etwa auf die Dimension einer
Wellenlänge fokussiert werden. Die digitale Information auf
einer CD kann also abwechselnd im Abstand von einer Wellenlänge angeordnet werden. Wegen der kleineren Wellenlänge
führt dies zu höheren Speicherdichten für blaues Licht. Und in
der Tat befinden sich die ersten blauen Laserdioden in der
Erprobungsphase. Im Moment ist die Lebenszeit dieser
Systeme jedoch noch zu kurz, um in kommerzielle Produkte
eingehen zu können.

3.2 Ultrakurze Lichtpulse

Sollen in der Photographie, ultraschnelle Prozeße abgebildet
werden, so setzt man spezielle Blitzlampen zur Beleuchtung
ein, die extrem kurze Blitzzeiten ermöglichen. Durch diese insbesondere von dem Amerikaner Harold Edgerton eingeführte
und perfektionierte Technik wird es zum Beispiel möglich,
Milchtropfen beim Auffallen auf einen mit Milch gefüllten
Teller oder das Auftreffen einer Gewehrkugel auf eine Glühbirne messerscharf abzubilden. Diese Vorgänge laufen in Zeitintervallen von Mikrosekunden, d. h. in milliardstel Sekunden,
ab. Was aber, wenn die Prozesse noch schneller werden? Beispiele dafür sind etwa Verbrennungsvorgänge in Motoren oder
Vorgänge, die bei chemischen Reaktionen, wie z. B. bei der
Photosynthese, ablaufen. Für diese Anwendungen haben sich
kurze Laserpulse als hervorragendes Werkzeug erwiesen.

Es ist möglich, ultrakurze Lichtpulse mit Laserlichtquellen
zu erzeugen. In einem Zeitbereich bis hinunter zu Pulsen mit
einer Dauer von einer milliardstel Sekunde (ns – oder auch
Nanosekunden; Nano steht hier für 10^{-9}) werden diese kurzen
Pulse meistens durch zeitliche Manipulation der Verstärkung
im Laserresonator erzeugt. Die Inversion im Lasermedium
wird dabei zeitlich kontinuierlich oder auch gepulst aufgebaut.

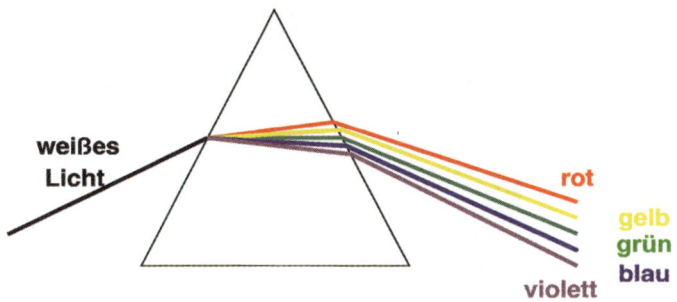

weißes
Licht

rot
gelb
grün
blau
violett

Tafel 1: Brechung eines Lichtstrahles an einem Prisma. Aufgrund der Tatsache, daß der Brechungsindex von der Spektralfarbe, d.h. von der Wellenlänge des Lichtes, abhängig ist, kommt es zu einer Farbzerlegung. Dieses Phänomen wurde erstmals von Newton bei seinen Experimenten zur Optik beobachtet.

Tafel 2: Regenbogen an der Fontäne im Genfer See in der Abendsonne. Das Spektrum ist im mittleren Teil der Fontäne besonders gut erkennbar.

Tafel 3: Photographie eines Halo. Der Winkel α ist etwa 22°.

Tafel 4: Laserstrahl über der Stadt Köln, aufgenommen in den siebziger Jahren von einem der Verfasser. Der Strahl hat eine geringe Divergenz, so daß er über größere Entfernungen beobachtet werden kann.

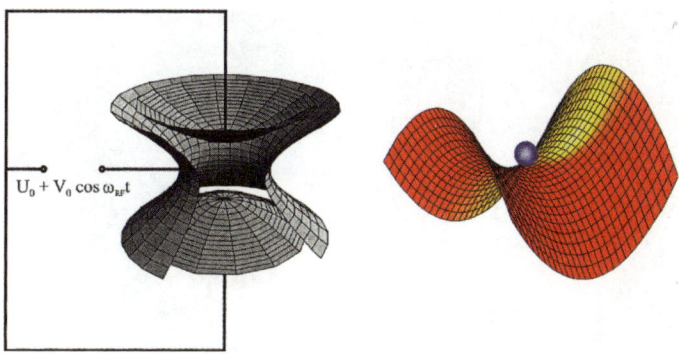

Tafel 5: Schema einer Paul-Falle. Das Ion (Kugel) wird in einem zeitlich veränderlichen Sattelpotential gehalten. Das Bild zeigt eine Momentaufnahme des Potentials. Eine Halbperiode später werden die Teile des Potentials, die nach unten zeigen, nach oben gerichtet und umgekehrt.

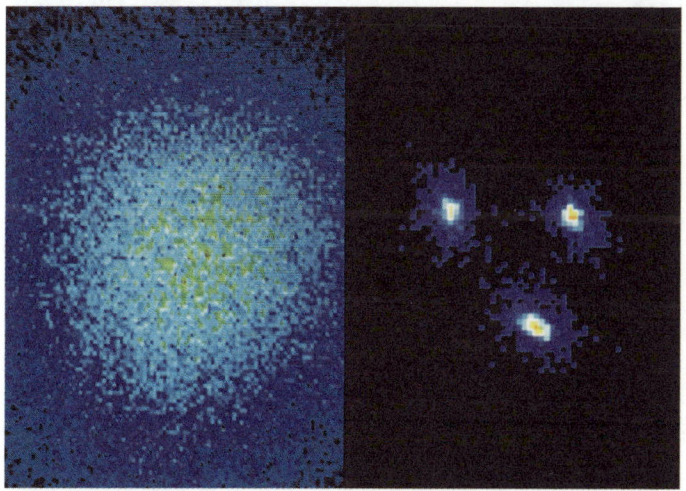

Tafel 6: Drei Magnesium-Ionen in einer Paul-Falle vor und nach der „Kristallisation". Das linke Bild zeigt eine Ionenwolke, die bei Kühlung durch Laserlicht in eine geordnete Struktur übergeht (rechtes Bild). Die beobachtete Lichtintensität wird durch eine Farbkodierung dargestellt; gelb entspricht der höchsten Intensität.

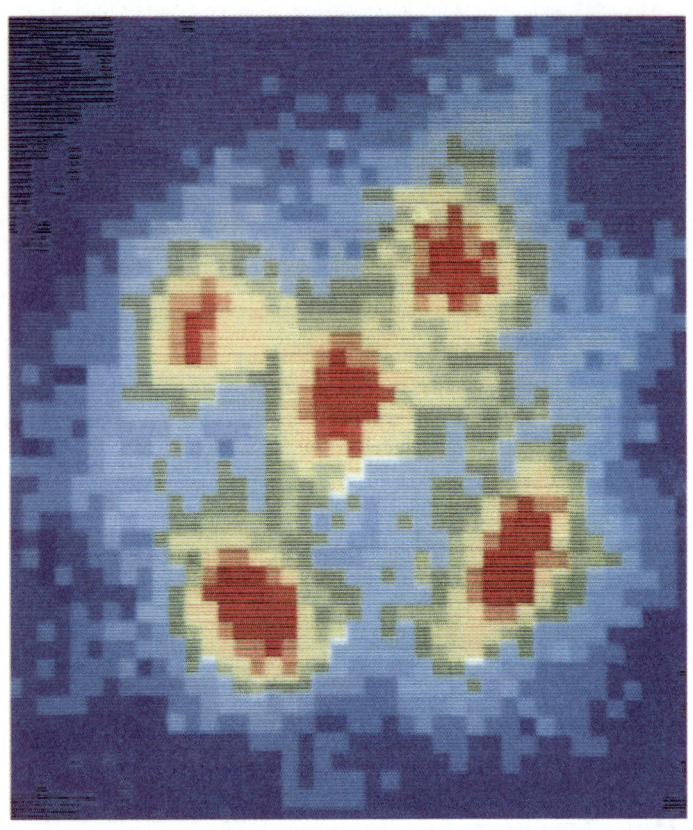

Tafel 7: Minikristall in einer Paul-Falle. Es sind fünf Magnesium-Ionen zu sehen, die eine dreidimensionale Struktur bilden. Das Ion in der Mitte bildet die Spitze einer Pyramide. Ob eine flache bzw. dreidimensionale Konfiguration entsteht, wird vom Fallenpotential bestimmt. Die gezeigte Ionenstruktur wurde auf einer Briefmarke zum 50jährigen Jubiläum der Max-Planck-Gesellschaft (Ausgabe Februar 1998) abgebildet.

Tafel 8: Mit Laserlicht wird das Autogramm Richard Wagners auf den Portikusgiebel der Bayerischen Staatsoper in München geschrieben.

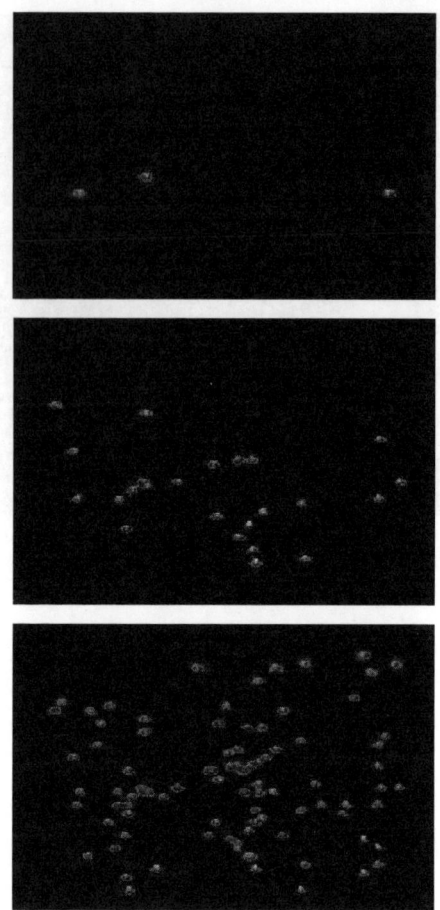

a)

Tafel 9: Interferenz mit Einzelphotonennachweis bei einem Youngschen Interferenzexperiment. Die Bildersequenz wurde mit einem Detektor aufgenommen, der es erlaubte, die Verteilung der Photonen über die Fläche des Interferenzbildes nachzuweisen. Bei hinreichender Dichte der Punkte kann man die Interferenzstreifen erkennen; allerdings wird die Darstellung

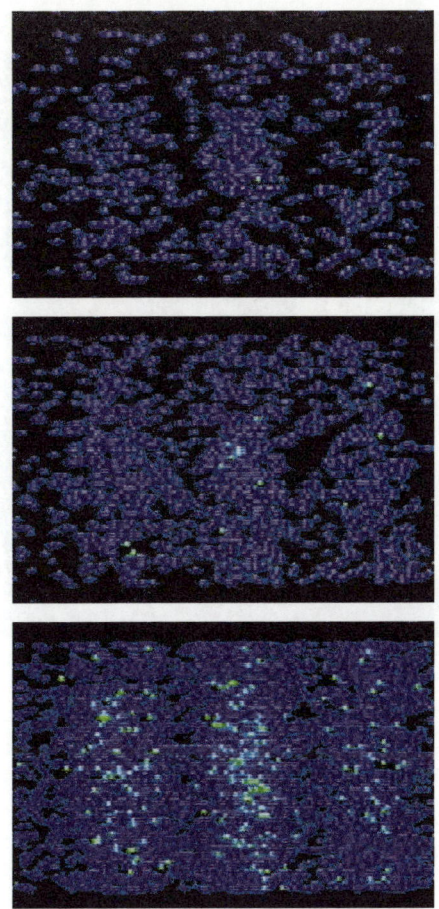

b)

etwas dadurch verfälscht, daß Stellen, wo mehrere Photonen nachgewiesen worden sind, sich nicht von den übrigen unterscheiden. Sobald an einer Stelle mehr als 10 Photonen nachgewiesen worden sind, gibt es einen Farbumschlag von dunkel-blau in hell-blau. Dies ist bei den beiden unteren Bildern von b der Fall.

Tafel 10: Erzeugung von Photonenpaaren aus ultraviolettem Laserlicht. Die Kamera blickt dem eingestrahlten Laserstrahl entgegen. Durch ein Hindernis (schwarzer Schatten in der Bildmitte) wird der einkommende ultraviolette Laserstrahl von der Kamera ferngehalten. Es entstehen durch den parametrischen Prozeß fast alle Spektralfarben. Der Spektralbereich, der der Hälfte der eingestrahlten Photonenenergie entspricht, liegt im Grünen. Dort können die Photonenpaare mit gleicher Energie an gegenüberliegenden Seiten abgezweigt werden. Siehe auch Abb. 38 oberer Teil.

Der entscheidende Punkt ist, daß während des Aufbaus der Inversion verhindert wird, daß sich ein Feld im Resonator aufbaut. Dies kann auf mechanische Art und Weise geschehen, indem ein Hindernis einen der Spiegel des Resonators verdeckt und diesen erst nach dem Aufbau der Inversion im Lasermedium wieder freigibt und damit den Laserpuls auslöst. Durch diese Maßnahme wird der Ausgangsimpuls besonders leistungsstark, da die Inversion im Lasermedium weit höher gemacht werden kann als im Normalfall, weil kein frühzeitiger Abbau der Besetzungsinversion erfolgt und deshalb eine optimale Verstärkung erreicht werden kann. Bei hohen Wiederholraten der Pulse kann das Schalten der Verstärkung durch einen rotierenden Spiegel vorgenommen werden. Noch kürzere Zeiten zwischen den Pulsen können mit elektrisch gesteuerten Kristallen erreicht werden. Hierbei ändert meistens eine angelegte Spannung die Polarisationsrichtung des transmittierten Lichtes, so daß mit Hilfe eines zusätzlichen Polarisators die Gesamttransmission geändert wird. Diese sogenannten „Güteschalter" für den Resonator erlauben es, den Resonator in Zeiten von wenigen Nanosekunden einzuschalten.

Sollen die Zeiten der Lichtpulse immer noch kürzer werden – zugegeben fällt es bei Lichtpulsen von einer milliardstel Sekunde schwer zu glauben, daß noch kürzere Pulse im Bereich des technisch Machbaren liegen –, muß zu anderen Mitteln gegriffen werden. Diese ergeben sich durch die Technik des „Mode-locking". Auf diese Möglichkeiten werden wir im folgenden eingehen.

Zunächst wollen wir versuchen, ein Gefühl für die unglaubliche Kürze der hier involvierten Pulse zu entwickeln. Wir werden über Femtosekunden reden. Eine Femtosekunde oder fs ist das Millionstel einer milliardstel Sekunde. In einer milliardstel Sekunde legt Licht einen Weg von 30 cm zurück. Dies ist im übrigen eine einfach zu merkende Daumenregel für die Lichtgeschwindigkeit: Sie beträgt etwa einen Fuß pro Nanosekunde. Dies bedeutet aber auch, daß in 100 fs das Licht drei Hundertstel eines Millimeters zurücklegt oder in Wellenlängen gemessen etwa 600 Wellenlängen (sichtbaren) Lichtes. Somit besitzen 100 fs lediglich eine Ausdehnung von 600 Wellenlängen. Offensichtlich ist die natürliche Grenze spätestens bei etwa 1 fs erreicht. Wenn der Lichtpuls nicht mindestens eine Wellenlänge enthält, kann man nicht mehr von einer Schwingung sprechen.

Je kürzer ein Lichtpuls wird, desto größer wird seine Frequenzbreite. Diesen Zusammenhang zwischen Dauer eines Pulses und der Frequenzbreite haben wir bereits bei der Diskussion der Lebensdauer eines angeregten atomaren Zustandes angesprochen (vgl. Abschnitt 1.6). Wir haben damals versucht, klarzumachen, daß eine Frequenzbestimmung um so genauer wird, je länger gemessen wird. Bei kurzen Pulsen ist die Meßzeit kurz und entsprechend die Frequenzbreite groß. Für Femtosekundenpulse kann diese Frequenzbreite oder alternativ die Wellenlängenbreite bereits über fast den gesamten sichtbaren Spektralbereich reichen. In typischen optischen Elementen, die in einem Laser eingesetzt werden, wie Linsen oder Prismen, spielt die Dispersion, d. h. der unterschiedliche Brechungsindex für die verschiedenen Spektralfarben, eine Rolle. Dies führt zu unterschiedlichen Ausbreitungsgeschwindigkeiten der verschiedenen Wellenlängenanteile eines Pulses in diesem Medium, was wiederum zu einer Verbreiterung der Pulse führt. Man kann dieses Problem jedoch durch experimentelle Tricks ausschließen, die im wesentlichen auf dem Einsatz von Elementen mit entgegengesetzter Dispersion beruhen, so daß die Laufzeiteffekte kompensiert werden. Eine weitere Schwierigkeit ergibt sich aus der Tatsache, daß ein solcher ultrakurzer Puls ein Verstärkermedium mit sehr großer Spektralbreite braucht.

Wir wollen nun im folgenden die Technik der „Moden-Kopplung" kurz beschreiben. Diese Technik kann nur auf Lasersysteme angewendet werden, die im allgemeinen über eine große Spektralbreite emittieren. Solche Laser sind die Farbstofflaser aber auch Festkörperlaser wie der Titan-Saphir-Laser. Werden diese Laser intensiv angeregt, so senden sie viele longitudinale Moden aus (siehe Abb. 18). Diese Moden sind durch die Resonatorlänge L vorgegeben und werden durch die

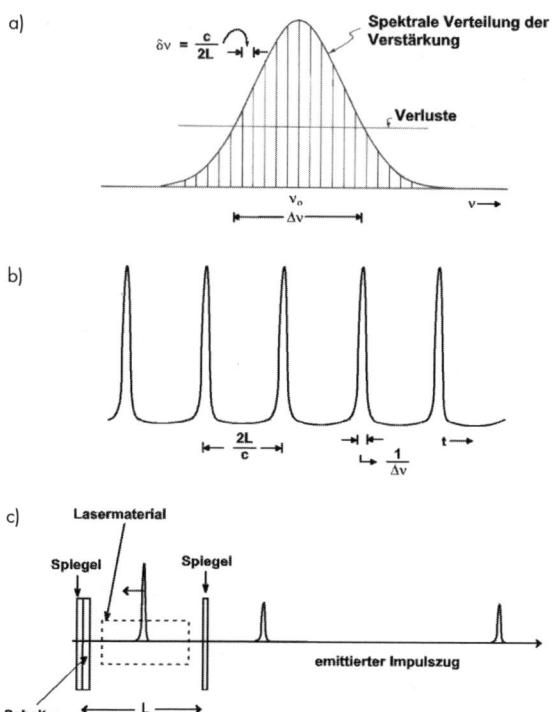

Abb. 18: Erläuterung der Methode des Moden-Koppelns. Teil a der Abbildung zeigt die Verstärkungskurve des Lasermaterials. Am geeignetsten ist ein Material, das viele longitudinale Moden verstärkt. Die longitudinalen Moden sind eingezeichnet, ihr Frequenzabstand ist c/2 L. Es werden diejenigen Moden anschwingen, die oberhalb der Verluste liegen. Dieser Wert ist als horizontale Linie eingezeichnet. Teil b zeigt dann den emittierten Impulszug, der durch die Modenkopplung entsteht. Im Laserresonator (siehe Teil c) ist ein Schalter eingebaut, der mit der Frequenz des Modenabstandes die Transmission im Laserresonator periodisch verändert. Hierdurch werden die longitudinalen Moden in ihrer Phase gekoppelt. In dieser Situation läuft ein intensiver Lichtpuls zwischen den Spiegeln hin und her, von dem jeweils ein Teil ausgekoppelt wird, wenn er auf den rechten Spiegel trifft (Teil c des Bildes). Die in Teil c gezeichnete Momentaufnahme zeigt den Lichtimpuls in der Mitte des Lasermediums auf dem Weg nach links. Der ausgekoppelte Wellenzug ist rechts gezeigt. Als der Intensitätsimpuls auf dem rechten Laserspiegel aufgetroffen ist, wurde der letzte Laserimpuls emittiert.

stehenden Wellen innerhalb des Resonators bestimmt. Der Frequenzabstand dieser sogenannten longitudinalen Moden ist durch den Betrag $c/2L$ vorgegeben. Diese longitudinalen Moden entsprechen den Oberwellen der Schwingungen einer Saite. Die Anzahl der longitudinalen Moden, die im Laser anschwingen, hängt von der spektralen Breite des Lasermediums und von den Verlusten im Laser ab. Anschwingen werden diejenigen Moden, die die Verluste übersteigen. Dies sind alle Moden, die im Frequenzbereich $\Delta\nu$ liegen (siehe Abb. 18).

Die longitudinalen Moden, die von der Laserlichtquelle emittiert werden, sind in ihrer Schwingungsphase unabhängig voneinander. Die Schwingungsphasen variieren von Mode zu Mode, was dazu führt, daß sich die longitudinalen Moden nicht phasengekoppelt überlagern. Die Kopplung kann jedoch erreicht werden, wenn ein schneller Schalter in den Laserresonator eingebaut wird. Wird die Modulationsfrequenz dieses Schalters so eingestellt, daß sie dem Modenabstand $c/2L$ entspricht, so erfolgt eine Phasenkopplung. Es werden nämlich durch die Modulation Seitenbänder erzeugt, die dann exakt mit der höheren und niederen longitudinalen Mode zusammenfallen. In dieser Situation erfolgt die Phasenkopplung. Das ausgesandte Licht ist nicht mehr zeitlich kontinuierlich, wie man es bei konstanter Anregung erwarten sollte, sondern zeigt die Struktur, die in Teil b der Abb. 18 gezeigt ist. Dieser Teil des Bildes zeigt eine Folge von Lichtimpulsen im Zeitabstand $2L/c$, der der Umlaufzeit des Lichtes im Resonator entspricht. Man muß sich dies so vorstellen, daß ein intensiver Lichtimpuls im Resonator hin- und herläuft und jeweils ein gewisser Bruchteil durch einen der Resonatorspiegel ausgekoppelt wird. Diese Situation ist in Teil c der Abb. 18 dargestellt. Die Dauer eines Pulses ist durch die Frequenzbreite der Emission $\Delta\nu$ des Lasers bestimmt, d. h. von der Maximalzahl der überlagerten longitudinalen Moden. Ist diese Breite sehr groß, so werden kurze Pulse erzeugt, die im Bereich von 10^{-12} s (Picosekunden) und darunter liegen. Eine Weiterentwicklung dieser Technik führt schließlich zu den Femtosekunden, die wir oben bereits beschrieben haben.

Doch was sind die Einsatzgebiete solcher Laserpulse? Sie können als extrem schnelle Stroboskope verwendet werden, um Aufschlüsse über schnell ablaufende Prozesse zu erhalten. Dazu gehören zum Beispiel Verbrennungsprozesse in Motoren. Der Zündungsprozeß des Benzin-Gasgemisches verläuft extrem schnell. Für eine effiziente Verbrennung ist die gleichmäßige Verwirbelung des Gemisches wichtig. Ebenso muß versucht werden, daß die Verbrennung selbst möglichst homogen vonstatten geht. Wichtige Parameter in diesem Zusammenhang sind demzufolge die Zahl und Anordnung der Ventile, aber auch der Zündkerzen sowie natürlich die genaue Form des Zylinders. Der Forscher kann mit dem Werkzeug der laserinduzierten Fluoreszenz und der schnellen Laserlichtblitze die genaue Art und Verteilung der am Verbrennungsprozeß beteiligten Substanzen bestimmen. Die Lichtblitze regen die Moleküle des Gemisches zum Leuchten an, so daß aus der Menge des emittierten Lichts unmittelbar auf die Menge des vorhandenen Gases geschlossen werden kann. Wird der Laserblitz nach einer vorbestimmten Zeit nach der Kompression des Verbrennungsgemisches ausgelöst, so kann zudem eine zeitliche Abfolge des gesamten Prozesses untersucht werden. Für die Motorenentwicklung können so wichtige Aufschlüsse gewonnen werden und die Motoren effizienter gemacht werden. Einige Leser werden sich an diesem Punkt vielleicht fragen, wie Licht in den geschlossenen Motor gelangen kann. Dies wird meist durch spezielle Kolben erreicht, die ein Stück Quarz enthalten, durch die das Laserlicht in den Zylinder eingestrahlt wird und das Fluoreszenzlicht auch beobachtet werden kann.

Ein weiteres Einsatzgebiet liegt in Photodissoziationsstudien von Molekülen. Photodissoziation, d.h. die lichtinduzierte Zerstörung von chemischen Bindungen, ist die wichtigste Reaktion in unserer Atmosphäre. Photodissoziation von Sauerstoff ist zum Beispiel für die Bildung der Ozonschicht in der Atmosphäre verantwortlich. Es ist grundsätzlich wichtig zu verstehen, was passiert, wenn Licht auf Moleküle trifft. Eine entscheidende Frage dabei ist, in welche Fragmente das ursprüngliche Molekül zerfällt und wie genau sich die Energie auf diese Fragmente verteilt. Mittels eines Nanosekundenpulses kann eine solche Dissoziation ausgelöst werden. Die Fragmente fliegen auseinander und können mittels Massenspektrometrie nachgewiesen werden. Bei dieser Technik kann eine bestimmte Masse ausgewählt werden und Teilchen mit dieser Masse gezielt nachgewiesen werden. Durch eine Messung der Zeit zwischen Auslösen der Dissoziation und Eintreffen der Teilchen im Massenspektrometer kann auf die Energie des Teilchens geschlossen werden.

Ebenso interessant wie diese Prozesse ist aber auch die genaue Abfolge einer chemischen Reaktion. Was genau passiert bei einer Reaktion AB + C → AC + B, einer Reaktion also bei der aus einem Molekül AB und einem Komplex C das Molekül AC mit dem Rest B gebildet wird? Wird zuerst die Bindung zwischen A und B gebrochen und findet danach die Bildung des Moleküls AC statt, oder bildet sich ein Zwischenprodukt ABC? Dank Femtosekundenpulsen kann wortwörtlich Licht in das Dunkel der Geburt eines Moleküls, zumindest in einigen Fällen, gebracht werden: Es bildet sich in der Tat meistens ein Zwischenprodukt.

Aber auch in der Festkörperphysik können Femtosekundenlaser eingesetzt werden. Die Beweglichkeit und das Verhalten der Elektronen in Halbleitern, dem Grundbaustein der modernen Elektronik und der Computer, bestimmt weitgehend deren Eigenschaften.

Zum Schluß sei noch eine wichtige Anwendung von Femtosekundenlasern erwähnt. Sie befaßt sich mit dem für die Menschen vielleicht wichtigsten Prozeß in der Natur: der Photosynthese. Photosynthese heißt der Abbau von Kohlendioxid zu Sauerstoff, der im Chlorophyll, dem grünen Bestandteil der Pflanzen, durch den Einfluß von Licht abläuft. Für lange Zeit war die genaue Abfolge der Prozesse im Chlorophyll unklar. Insbesondere gab die hohe Effizienz von hundert Prozent, mit der die Natur diesen Prozeß ablaufen läßt, Rätsel auf. Mit Hilfe von schnellen Laserpulsen konnten wesentliche Schritte dieser Vorgänge entschlüsselt werden.

3.3 Nichtlineare Optik

Die Frage, die es jetzt zu beantworten gilt, ist die, ob die Erzeugung kohärenten Lichts durch Laser auf diejenigen Wellenlängen beschränkt ist, für die geeignete Medien zur Verfügung stehen. Wäre dies der Fall, wären die Frequenzen für Laserlicht vorwiegend auf die sichtbaren und infraroten Wellenlängen beschränkt. Glücklicherweise hat die Natur dem Physiker jedoch ein leistungsstarkes Hilfsmittel in die Hand gegeben, die Frequenz von Laserlicht zu verändern: die nichtlineare Optik.

Bevor wir jedoch ins Detail in diese Prozesse einsteigen, ein kurzes Wort zur Abgrenzung von der linearen Optik. Im allgemeinen sind die Feldstärken, die mit einer Lichtwelle verbunden sind, klein im Vergleich zu Feldstärken, die innerhalb eines Atoms zwischen Kern und Elektronen vorhanden sind. Dies bedeutet, daß die Elektronen in einem Körper nur wenig durch eine Lichtwelle beeinflußt werden. Sie schwingen im Takt der Welle um ihre Gleichgewichtslage hin und her, was zum Aufbau einer Polarisation im Medium führt, die sich mit der gleichen Frequenz des eingestrahlten Feldes ändert. Die Polarisation ist linear abhängig von der Feldstärke. Wird die Feldstärke verdoppelt, so wird auch die Polarisation doppelt so groß. Da die Elektronen im Atom Schwingungen ausführen und der schwere Atomkern in Ruhe bleibt, führt dies zur Bildung von Dipolen, die ihrerseits elektromagnetische Wellen aussenden. Da die Polarisation, wie bereits erwähnt, linear von der Feldstärke abhängt, besitzt diese Strahlung dieselbe Frequenz wie die einfallende Strahlung. Makroskopisch kann dies zu Absorption oder Beugung der einfallenden Strahlung führen. Liegt die Eigenfrequenz der ankommenden Strahlung in der Nähe der Eigenfrequenz des Atoms, kann die Anregung des Elektrons sehr stark werden, so daß ein Sprung in das nächsthöhere Energieniveau erfolgt. Es findet eine Absorption statt, und das Material wird für diese Frequenz undurchsichtig. Außerhalb der Resonanz wird das Licht durch die dann geringe Anregung der Elektronen trotzdem verändert; es findet nämlich die Dispersion und die Brechung statt, die wir bereits beschrieben haben.

Wird die Feldstärke größer und größer, so wird die Abhängigkeit der Polarisation von der Feldstärke komplizierter. Das Medium antwortet auf diese hohen Feldstärken in einer Weise, die in der Physik nichtlinear genannt wird. Die Polarisation hängt in diesem Fall nicht mehr linear von der Feldstärke ab, sondern es kommt noch ein weiterer Beitrag hinzu, der quadratisch mit der Feldstärke variiert. Es wird möglich, daß die resultierende Polarisation Frequenzen erzeugt, die nicht mehr mit derjenigen der ursprünglich einfallenden Welle übereinstimmen. Es entsteht eine ähnliche Situation wie bei einem Lautsprecher einer HiFi-Anlage, der mit zu viel elektrischer Leistung gefüttert wird und zu „klirren" beginnt. Dabei entstehen neben der Signalfrequenz auch andere Frequenzen, die die Qualität der Wiedergabe verschlechtern. Im optischen Fall ist das Entstehen neuer Frequenzen ein durchaus gewünschtes Phänomen, weil dadurch neue Frequenzen des Lichtes entstehen, die man sonst nur schwer herstellen könnte. So kann unter bestimmten Umständen die doppelte Frequenz der eingestrahlten Frequenz erzeugt werden. Dies ist ein Spezialfall eines allgemeineren Falles, bei dem zwei Wellen mit unterschiedlicher Frequenz eingestrahlt werden und durch deren kombinierte nichtlineare Wechselwirkung mit dem Medium die Summe bzw. die Differenz der beiden eingestrahlten Frequenzen erzeugt wird.

Bei den nichtlinearen Prozessen bleiben die besonderen Eigenschaften des Laserlichtes wie Kohärenz und schmale Linienbreite erhalten. Darüber hinaus läuft der Prozeß so ab, daß zwei wichtige Grundgesetze der Physik eingehalten werden: die Energie- und Impulserhaltung. Für die Energieerhaltung heißt dies im Falle des Photonenbildes, daß zwei Photonen des ursprünglichen Lichtfeldes in ein Photon mit der doppelten Frequenz umgewandelt werden. Das zweite Erhaltungsgesetz der Physik, das bei nichtlinearen Prozessen erfüllt werden muß, ist die Impulserhaltung. Der Impuls eines Photons ist mit dem Wellenvektor $\vec{k}$ (vgl. Abschnitt 2.1) verbunden und durch $\hbar\vec{k}$ gegeben. Die Richtung des Impulses zeigt in Ausbreitungsrichtung der Lichtwelle und der Betrag ist durch h/λ gegeben (λ steht für die Wellenlänge und $\hbar = h/2\pi$). Der Impuls der beiden einkommenden Photonen muß gerade dem des ausgehenden Photons entsprechen. Im Wellenbild kann diese Bedingung mittels des Huygensschen Prinzips verstanden werden (vgl. Abschnitt 2.2). Übertragen auf die nichtlinearen Phänomene, bedeutet dies, daß in jedem Punkt des Kristalls entlang der Ausbreitungsrichtung des einfallenden Lichtes die neuen Frequenzen erzeugt werden. Damit jedoch auch am Ende des Kristalls die neue Welle vorhanden ist, müssen sich die einzelnen Kugelwellen konstruktiv überlagern. Dies erfolgt gemäß dem Superpositionsprinzip, was bedeutet, daß die Phasen der beteiligten Wellen gemeinsam durch das Medium laufen müssen, so daß konstant über die volle Länge des Mediums Energie von der einen Welle in die andere übergehen kann. Die Wellenlänge und somit der Impuls ändert sich mit dem Brechungsindex; wir haben bereits gesehen, daß $\lambda = \lambda_0/n$ gilt, wobei λ_0 die Wellenlänge im Vakuum ist. Die Erhaltung des Impulses hat also in diesem Zusammenhang damit zu tun, daß sich die neu erzeugte Welle mit der ursprünglichen Welle gleich, d. h. in Phase, ausbreitet. Man nennt diese Bedingung deshalb auch Phasenanpassung.

Wir wollen zur Erläuterung den Spezialfall der Frequenzverdopplung betrachten. Die Phasenanpassung erfordert, daß der Brechungsindex für die fundamentale Welle und die harmonische Welle gleich ist, was im allgemeinen durch die Dispersion verhindert wird. Der Brechungsindex fällt im allgemeinen monoton mit der Wellenlänge ab. Doch die schon in Abschnitt 2.2 angesprochene Doppelbrechung in einigen Kristallen kommt zu Hilfe. Je nach Polarisations- und Ausbreitungsrichtung kann ein Strahl unterschiedliche Brechungsindizes haben. Durch geschickte Wahl der Orientierung der Kristallachse kann deshalb die obige Bedingung oft erfüllt werden.

Damit der Prozeß der Summen- oder Differenzerzeugung effizient ablaufen kann, müssen also Phasenanpassung und

Energieerhaltung erfüllt werden. Diese Bedingungen können nicht für jeden doppelbrechenden Kristall erfüllt werden. Trotzdem ist es möglich, den Wellenlängenbereich der verfügbaren Lasersysteme auf Bereiche von 190 nm bis 19 μm durch geeignete Wahl von doppelbrechenden Kristallen auszuweiten. Die populärsten Kristalle für nichtlineare Optik sind BBO (BetaBariumBorat), KDP (KaliumDeuteriumPhosphat) und $LiNbO_3$ (LithiumNiobat).

Es soll noch ein weiterer wichtiger nicht-linearer Prozeß erwähnt werden: die optische parametrische Oszillation. Hinter diesem etwas kryptischen Begriff versteckt sich die Umkehrung der Summenfrequenzbildung. Aus einem Pumpphoton werden durch die Wechselwirkung mit dem Kristall ein sogenanntes Signalphoton und ein Mitläuferphoton. Letzterer Begriff ist die deutsche Übersetzung von „Idler", wie er in der Fachliteratur genannt wird. Ursprünglich war dieser Mitläufer nur das Beiprodukt des Prozesses, daher der Ausdruck. Es kann jedoch genauso wesentlich sein wie das Signalphoton. Im allgemeinen bezeichnet man heute mit „Idler" das Licht mit der kleineren Photonenenergie oder der längeren Wellenlänge.

Die Bedeutung des Optischen Parametrischen Oszillators liegt in der großen Abstimmbarkeit dieser Lichtquelle. Wie der Laser wird auch hier kohärentes Licht erzeugt, allerdings ohne Besetzungsinversion. Mit den geeigneten Kristallen kann z.B. aus einem UV-Photon Strahlung im gesamten sichtbaren Spektrum bis hinein ins Infrarote erzeugt werden. Je nachdem welche Wellenlänge gebraucht wird, wird dabei auf Signal- oder Idlerphoton zurückgegriffen. Ein unglaubliches Potential, das sicher geeignet ist, die Farbstofflaser abzulösen. Der Grund, warum dies nicht schon längst geschehen ist, ist, daß Optische Parametrische Oszillatoren bis jetzt hauptsächlich gepulst arbeiten und die erreichbare Linienbreite noch nicht mit denen von Farbstofflasern vergleichbar ist. Aber das ist sicher nur eine Frage der Zeit. Wir werden in Kapitel 4 über die Quantenoptik noch andere wichtige Anwendungen diskutieren, die sehr wesentlich zum Verständnis des Lichtes beigetragen haben.

3.4 Licht trägt Nachrichten

In unserer hochtechnisierten Gesellschaft spielt die Übertragung von Nachrichten eine immer wichtigere Rolle und die Informationsflut nimmt ständig zu. Immer mehr Fernsehprogramme, Radioprogramme, Telefon, Fax, und nicht zuletzt das Internet mit seinen ständig wechselnden Anforderungen an die Technik, machen es notwendig, Informationen und Nachrichten schneller und effektiver von einem Ort zum anderen zu bringen.

Bis vor Jahren geschah diese Informationsübertragung meist über Kupferkabel. Schon Ende des letzten Jahrhunderts umspannte, ausgehend von England, ein Kupferkabelnetz die Erde. England hatte aufgrund des riesigen Commonwealthreiches ein großes Interesse an einer effizienten Kommunikation zwischen den Bereichen seines Herrschaftsraumes. Die vorhandene Technik war jedoch beschränkt, und so waren die Übertragungskapazitäten insbesondere der Seekabel sehr gering.

Durch besondere Kabeltechnik und Verstärker wurde es möglich die Kapazitäten von modernen Kupferkabeln wesentlich zu steigern. Die Grenzen der koaxialen Kupferkabel werden in erster Linie durch die Verluste bei hohen Bit-Raten erzeugt. Ein Bit entspricht einer Informationseinheit, d.h. Ja oder Nein bzw. 0 oder 1, wie es im allgemeinen beschrieben wird. Um zum Beispiel einen Buchstaben darzustellen, werden 8 bit oder 1 byte benötigt. Je größer die Bit-Raten, desto schneller kann eine Nachricht übertragen werden. In den ersten Anfängen der Nachrichtentechnik entsprach die Übertragung von 100 Worten pro Minute also etwa 13 bit/s. Heute werden Bit-Raten in Millionen Bit per Sekunde (Mb/s) oder gar Milliarden Bit pro Sekunde (Gb/s) gemessen.

Ein 10 km langes Koaxialkabel aus Kupfer kann eine maximale Rate von 10 Mb/s übertragen. Ein entsprechendes Glaskabel, bei 1.3 μ betrieben, erreicht heute 10 Gb/s; deshalb war der Übergang zu Quarzfasern ein logischer Schritt.

Lichtfasern bestehen aus sehr reinem Quarz, das stark erhitzt wird und dann zu dünnen Fasern ausgezogen wird.

Diese können in Spezialfällen dünner als ein menschliches Haar sein. Um sie vor dem Brechen zu schützen, werden sie mit einer Schutzummantelung aus Kunststoff umgeben.

Die Verteilung der Lichtintensität in Lichtfasern wird durch das Zusammenspiel von Totalreflexion und Interferenz bestimmt. Entlang des Querschnitts einer Phase kommt es zur Ausbildung von Intensitätsmaxima und -minima. Die Struktur ist ganz ähnlich wie bei Hohlleitern im Mikrowellenbereich und erinnert an eine schwingende Saite, die ein sehr anschauliches Bild für den eindimensionalen Fall bietet. Die Anzahl der Moden, die sich ausbilden kann, hängt vom Querschnitt der Faser ab. Gibt es mehrere Moden, so führt dies dazu, daß die Laufzeit des Lichtes durch die Faser unterschiedlich ist, je nachdem, welche Moden sich vorwiegend ausbilden. Eine Konsequenz ist, daß ein Lichtimpuls verlängert wird, was die maximale Übertragungsrate einschränkt. Dies ist der Grund, daß Fasern, die einen so geringen Durchmesser haben, daß nur eine Mode sich ausbilden kann, am besten für eine Nachrichtenübertragung geeignet sind.

Natürlich ist auch die Signalübertragung in einer Faser nicht völlig verlustfrei. Es spielen Unregelmäßigkeiten bei der Herstellung, Absorption des Lichtes durch Fremdatome und nicht zuletzt auch durch geringe Spuren von Wasser in den Fasern eine Rolle. Die Verluste der Fasern sind im Wellenlängenbereich von $1.5\,\mu m$ am geringsten, bei $1.3\,\mu m$ ist dagegen die Dispersion am kleinsten. Da die Dispersion die höchste Übertragungsrate einschränkt, wird die Übertragungsrate bei $1.3\,\mu m$ theoretisch etwas größer als bei $1.5\,\mu m$. Die Unterschiede in der Übertragungsrate sind graphisch in Abb. 19 dargestellt.

Die Technologie des Arbeitens mit Lichtleiterfasern ist inzwischen sehr weit entwickelt worden. So ist es möglich, die Fasern zu spalten und mit entsprechenden Verbindungsstücken zu versehen, so daß verschiedene Stücke zusamengefügt und auch wieder getrennt werden können. Man versucht, die Verluste in den Lichtleiterfasern immer weiter zu senken. Die Werte, die heute erreicht werden, sind erstaunlich. Erst über

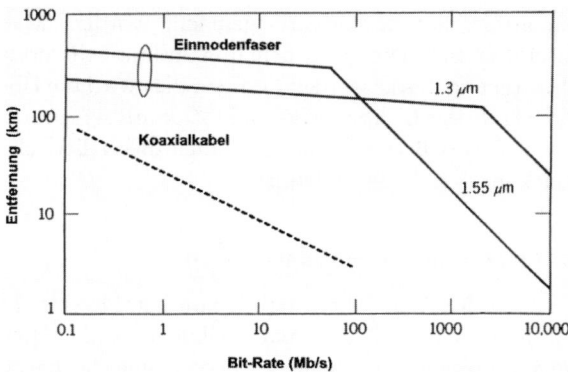

Abb. 19: Zusammenhang zwischen Entfernung und der Übertragungsrate für konventionelle Koaxialkabel und Einmoden-Lichtleiterfasern. Für die Einmodenfaser sind die Wellenlängen 1.55 und 1.3 μm eingezeichnet. Bei der Wellenlänge 1.55 μm ist die Absorption der Lichtleiterfasern geringer als bei 1.3 μm, deshalb sind die Werte für die Entfernung unterhalb von Übertragungsraten von 100 Mb/s besser. Bei der Wellenlänge von 1.3 μm ist jedoch die Dispersion geringer. Dies ist ein Vorteil bei hohen Übertragungsraten, wie deutlich bei den Übertragungsraten von höher als 100 Mb/s zu sehen ist.

eine Länge von 10 km sinkt die Lichtintensität auf die Hälfte ab. Ein erstaunlicher Wert, wenn man sich vorstellt, man würde durch eine 10 km dicke Fensterscheibe gucken. Abb. 19 zeigt die Grenzen der Lichtleiterübertragung im Vergleich zu den heutigen Koaxialkabeln. Der Unterschied in den Übertragungsraten zwischen den alten Koaxialkabeln und den Glasfasern ist enorm, wie man dort sehen kann.

Die Verluste der Lichtleiterfasern müssen bei den Übertragungsstrecken kompensiert werden, deshalb müssen in gewissen Abständen die Signale verstärkt werden. Dies geschieht bei den momentan benutzten Übertragungsstrecken dadurch, daß das optische Signal photoelektrisch umgewandelt und das elektrische Signal dann verstärkt wird. Danach wird es wieder über eine Laserdiode in ein optisches Signal umgesetzt und in die nächste Teilstrecke eingekoppelt. Dies ist ein enorm aufwendiges Verfahren. Hier ist jedoch gerade in den letzten Jahren ein großer Schritt vorwärts gemacht worden. Man hat Glasfaserlaser entwickelt, mit denen in Zukunft die optischen Signale direkt verstärkt werden können, dies wird die Übertragung mit Hilfe der Lichtleiterfasern in Zukunft wesentlich vereinfachen. Dieses Beispiel zeigt, daß auch dieser Bereich noch sehr stark im Wandel begriffen ist.

3.5 Spektroskopie mit einzelnen Ionen

Noch in den dreißiger Jahren wurde von den Physikern allgemein angezweifelt, daß es jemals gelingen werde, Quantenvorgänge an einzelnen Atomen zu beobachten. So hat Schrödinger damals geäußert, daß die Quantenmechanik, die das Verhalten der Atome über Wahrscheinlichkeiten beschreibt, völlig ausreichend ist, da es niemals möglich sein wird, Energiesprünge einzelner Atome experimentell zu beobachten. Diese Situation hat sich aufgrund der modernen Methoden der Laserspektroskopie in den letzten Jahren völlig verändert; es gelang ferner, einzelne Teilchen in geeigneten Käfigen festzuhalten und einer längeren Beobachtung zugänglich zu machen. Solche Käfige sind in den letzten Jahren für Atome entwickelt worden und vor längerer Zeit bereits für Ionen, die aufgrund ihrer Ladung wesentlich leichter einzufangen sind als neutrale Atome.

Bei den Käfigen für Ionen handelt es sich um die von Wolfgang Paul (Universität Bonn) und Mitarbeitern entwickelten Quadrupolfallen (Nobelpreis 1989). Diese bestehen im wesentlichen aus drei bis vier Elektroden, an die Wechselspannungen angelegt werden. Hierdurch werden die geladenen Teilchen dynamisch eingefangen. Es gelingt auf diese Weise, einzelne oder auch wenige Ionen zu fangen und mit Hilfe resonanter Laserstrahlung sichtbar zu machen. Der Laser regt dabei die Ionen in einen angeregten Energiezustand an, aus dem sie dann unter Lichtemission nach kurzer Zeit wieder in den Grundzustand zurückkehren. Die dabei ausgesandte Fluoreszenzstrahlung läßt sich beobachten, wobei durch das emittierte Licht die Position des Ions mit einer empfindlichen digitalen Kamera gemessen werden kann. (Zum Prinzip der Ionenfallen siehe Tafel 5).

Im folgenden werden einige Experimente mit gespeicherten Ionen, die an der Sektion Physik der Universität München durchgeführt werden, kurz angesprochen, da sie typisch für die Aktivitäten sind, die auch in anderen Labors in der Welt in diesem Zusammenhang durchgeführt werden. Zunächst sollen die Untersuchungen mit einem einzelnen Indium-Ion beschrieben werden, die Präzisionsmessungen und die Entwicklung eines neuen Frequenznormals, d.h. einer neuen Uhr, zum Ziel haben. Im zweiten Teil werden dann Experimente zur Resonanzfluoreszenz diskutiert, und schließlich wird im dritten Teil die Beobachtung von Miniaturkristallen beschrieben, Kristalle ganz besonderer Art, die nur aus wenigen Atomen bestehen. Zunächst jedoch zu dem einzelnen Ion.

Das Atom in der Falle – eine neue Uhr
Die Frequenzen von atomaren Schwingungen oder Spektrallinien sind physikalische Größen, die heute mit höchster Reproduzierbarkeit und Genauigkeit gemessen werden können. Aus diesem Grunde basiert unsere heutige Zeitmessung auf periodischen atomaren Schwingungen. Die genaueste Uhr der Welt, die u.a. in der Physikalischen Bundesanstalt in Braunschweig steht, benutzt eine Schwingung des Cäsium-Atoms. Das Vertrauen in die Ganggenauigkeit einer solchen Uhr ergibt sich aus der Tatsache, daß verschiedene Atomuhren dieses Typs im Bereich der theoretisch zu erwartenden Grenzen nicht voneinander abweichen. Bei der Cäsium-Uhr ist dies eine Sekunde in rund 1 Million Jahren. Diese Ganggenauigkeit ist viel höher als wir für unsere täglichen Bedürfnisse benötigen. Es gibt jedoch spezielle Anwendungen, für die diese extreme Genauigkeit unumgänglich ist. Ein Beispiel dafür ist die sehr präzise Satellitennavigation. Dabei wird der Ort eines Empfängers auf der Erde aus dem Vergleich der Zeitsignale bestimmt, die von Atomuhren in unterschiedlich plazierten Satelliten ausgehen.

Eine weitere Anwendung bezieht sich auf die Telekommunikation. Ein digitales Kommunikationsnetzwerk verbindet heute eine große Zahl von Teilnehmern, die Daten über Knoten und Verbindungen miteinander austauschen, ISDN (Integrated Services Digital Network) ist ein Beispiel hierfür. Werden analoge Signale übermittelt, so muß die Verbindung zwischen den Teilnehmern für die Dauer der Übertragung aufrechterhalten werden. Die Digitalisierung der Information erlaubt die Übertragung im Zeitmultiplexverfahren. Dieses Verfahren gestattet die wirtschaftliche Ausnutzung der Übertragungsstrecken, auf denen heute Datenübertragungsraten im Bereich von Gigabit/Sekunde möglich sind. Es erfordert aber eine hohe Ordnung im zeitlichen Verlauf der Übertragung in den Knoten und ihren Verbindungen. Diese zeitliche Ordnung wird heute durch Atomuhren bewerkstelligt. Eine höhere Übertragungsrate erfordert gleichzeitig eine noch genauere Uhr.

Das letzte Beispiel kommt aus dem Bereich der physikalischen Grundlagenforschung: dort wird die Präzision der Zeitmessung für die genaue Bestimmung von physikalischen Fundamentalkonstanten und zum präzisen Test physikalischer Theorien benötigt, wie z. B. im Bereich der Relativitätstheorie. Diese anspruchsvollen wissenschaftlichen Anwendungen verlangen ebenfalls nach genaueren Uhren. Deshalb gibt es viele Anstrengungen, eine solche verbesserte Uhr zu entwickeln. In der Cäsium-Uhr bewegen sich die Atome durch die Meßanordnung. Sie stehen deshalb nur für eine kurze Zeit für die Beobachtung zur Verfügung, wodurch die erreichbare Genauigkeit begrenzt wird. Eine ideale Anordnung benutzt deshalb die oben erwähnten eingefangenen Ionen. Man ist ferner daran interessiert, bei einem neuen Zeitnormal eine höhere Frequenz, d.h., eine kürzere Periodendauer als bei der Cäsium-Uhr zu bekommen, da hierbei eine bessere Unterteilung der Zeitskala erreicht wird.

Laserlicht wird für die Messung des Übergangs eingesetzt – es erfüllt jedoch noch eine andere Funktion: Wird seine Frequenz unterhalb der atomaren Resonanz eingestellt, dann reicht die Anregungsenergie nicht aus, um das Ion anzuregen – die fehlende Energie muß das Ion seiner kinetischen Energie entnehmen, was zu einer Verlangsamung seiner Bewegung führt, d.h., es wird abgekühlt. Bei dieser Laserkühlung entspricht die restliche kinetische Energie des Ions einer Temperatur, die sich um weniger als ein tausendstel Grad vom absoluten Nullpunkt, der tiefsten Temperatur, die nach unserer heutigen Erkenntnis erzeugt werden kann, unterscheidet. Die Kühlung durch das Laserlicht ist um so effektiver, je öfter das Ion angeregt werden kann; deshalb ist man daran interessiert, möglichst kurzlebige angeregte Zustände zu verwenden. Die Folge einer kurzen Lebensdauer ist jedoch auch, daß die Linienbreite des Überganges groß ist; damit wird die Genauigkeit geringer, mit der der atomare Übergang definiert ist, d. h. seine Linienbreite. Effektive Kühlung und guter Nachweis gehen deshalb nicht Hand in Hand mit der gewünschten Meßgenauigkeit. Man hilft sich aus dieser Schwierigkeit mit einem experimentellen Trick. Es werden zwei gekoppelte Übergänge verwendet, die vom gleichen Grundzustand ausgehen: ein „schneller", mit dem der Nachweis und die Kühlung erfolgt, und ein „langsamer" (d. h. lange Lebensdauer des oberen Zustandes), der zu einer extrem scharfen Resonanz führt. Dieser Fall wird in Abb. 20 anhand der Energiezustände des Indium-Ions erläutert. Man braucht dann für das Experiment auch zwei Laserquellen, eine für jeden Übergang. Wegen der langen Lebensdauer des langsamen Übergangs wird nicht genügend Licht für einen Nachweis emittiert. Befindet sich jedoch das Ion im langlebigen Zustand, dann steht es nicht mehr für eine „schnelle" Anregung zur Verfügung, und der Fluß von Photonen wird unterbrochen; es gelingt somit, die Übergänge in den langlebigen Zustand über die Dunkelperioden im Photonenfluß für den schnellen Übergang nachzuweisen. Dieser Nachweis der Resonanzen mit Hilfe der Quantensprünge wird nochmals in Abb. 21 erläutert. Das Bild zeigt individuelle Quantenübergänge des gespeicherten Ions. Gleichzeitig wird offensichtlich, daß die einzelnen Verweilzeiten durchaus vom Mittelwert abweichen können. Der Mittelwert wird erreicht, wenn möglichst viele Einzelprozesse berücksichtigt werden.

Wird die Frequenz des Laserlichtes, das den „langsamen" Übergang mißt, verändert, so ändert sich auch die Anzahl der Quantensprünge. Sie dienen somit als Indikator, daß die Reso-

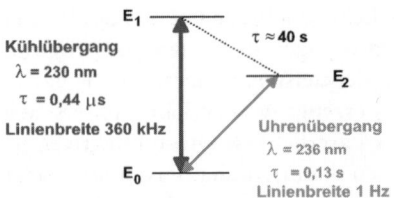

Abb. 20: Die relevanten Energiezustände des Indium-Ions. Der links eingezeichnete Übergang ist der Kühlübergang. Das Ion hat im angeregten
Zustand eine mittlere Lebensdauer von 0,44 µs. Der rechts eingezeichnete
Übergang (E_2–E_0) ist der Uhrenübergang mit einer Lebensdauer im angeregten Zustand von 0,13 s, diese Lebensdauer entspricht eine Linienbreite
von rund einem Hz. Der punktiert eingezeichnete Übergang (E_1– E_2) wird
bei den Quantensprüngen in Abb. 21 beobachtet; dieser Übergang hat eine
mittlere Lebensdauer von 40 s.

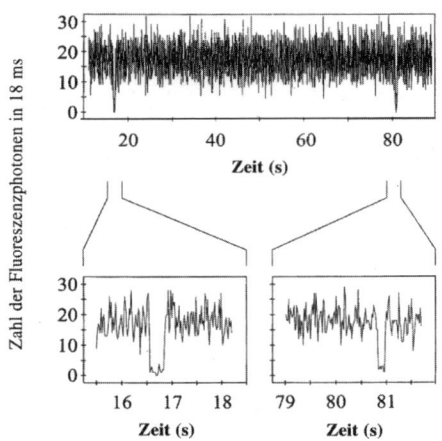

Abb. 21: Fluoreszenzlicht auf dem schnellen Resonanzübergang (Abb. 20)
als Funktion der Zeit. An den Stellen, wo die Intensität auf einen kleinen
Wert abfällt, macht das gespeicherte Ion einen Übergang aus dem Zustand
E_1 in den nächst tieferen Zustand E_2 (punktierte Linie in Abb. 20). Nach
der Verweilzeit im Zwischenzustand springt dann das Ion in den Grundzustand und wird von dort aus erneut angeregt. Der Zeitverlauf in der
Nähe der Sprünge ist im unteren Teil des Bildes nochmals zeitlich gedehnt
dargestellt. Aus der Messung ist ersichtlich, daß die Dunkelperiode von
Ereignis zu Ereignis variiert. Nur der Mittelwert entspricht einem Wert
von 0,13 s.

nanzfrequenz genau getroffen wird. In der Sektion Physik der Universität München wird ein Indium-Ion als Basis für eine Atomuhr erforscht. Die Genauigkeit, mit der die Übergangsfrequenz festgestellt werden kann, liegt bei $1 : 10^{17}$. Dies würde zu einer Atomuhr führen, die rund drei Größenordnungen genauer ist als die gegenwärtig verwendete.

Minikristalle in einer Ionenfalle
Werden mehrere Ionen in einer Paul-Falle gespeichert, so können die oben diskutierten individuellen Quantenphänomene nicht mehr beobachtet werden, da die Vorgänge vieler Atome sich überlagern. Eine Ionenwolke zeigt jedoch eine ganze Reihe neuer Eigenschaften. Werden die Ionen mit Laserlicht gekühlt und verlieren sie dadurch ihre kinetische Energie, so wird ihr mittlerer Abstand in der Falle immer kleiner, wobei die elektrische Wechselwirkung zwischen den Ionen immer größer wird. Diese Wechselwirkung besteht aus einer gegenseitigen elektrostatischen Abstoßung, der sogenannten Coulomb-Wechselwirkung, die nichtlinear vom Abstand abhängig ist. Dies führt zu einer chaotischen Bewegung der Teilchen, die im Detail untersucht werden kann. Ein weiteres Kühlen zu noch tieferen Temperaturen (etwa 5 tausendstel Grad zum absoluten Nullpunkt) führt schließlich zur Ausbildung von geordneten Strukturen. Bei diesen Mini-Kristallen bestimmt das Fallenfeld und die Abstoßung der Ionen die beobachtete Anordnung (s. Tafel 6 und 7).

Werden solche Mini-Kristalle auf noch tiefere Temperatur gebracht (etwa ein millionstel Grad vom absoluten Nullpunkt entfernt), dann entsteht ein interessantes neues Quantengebilde, ein sogenannter Wigner-Kristall. Dieses Gebilde muß quantenmechanisch behandelt werden, obwohl es Dimensionen hat, die viel größer als die eines Moleküls sind. Die Materiewellen der Ionen werden nämlich größer als ihr Abstand. Die Tafeln 6 und 7 zeigen klar das Potential, das heute durch die Methoden der Laserspektroskopie geschaffen wurde. Es ist ein enormer Fortschritt, daß Experimente mit einzelnen Atomen möglich geworden sind.

Wir sollten hier noch erwähnen, daß zur Zeit eine interessante Anwendung von Ionenstrukturen von der Art wie in Tafel 6 und 7 gezeigt, diskutiert wird. Es handelt sich um den sogenannten Quantencomputer. Bei diesem Computer werden die Bits durch Atome im Grundzustand oder im angeregten Zustand repräsentiert; deshalb sind es quantenmechanische Gesetze, die diesen Rechnern zugrunde liegen. Es lassen sich somit Rechenoperationen durchführen, die in klassischen Computern undenkbar sind. Ein Quantencomputer hätte deshalb sehr viele neue Eigenschaften; allerdings ist es im Moment noch nicht klar, ob eine Realisierung möglich sein wird. Die experimentelle Perfektionierung der Ionenstrukturen wird dies in Zukunft ergeben.

3.6 Gravitationswelleninterferometer

In seiner Allgemeinen Relativitätstheorie hat Albert Einstein vor 80 Jahren vorausgesagt, daß beschleunigte Massen, die Raum und Zeit in ihrer Umgebung verzerren, durch Ausstrahlung von Gravitationswellen Energie verlieren, in ähnlicher Weise wie beschleunigte Ladungen durch elektromagnetische Wellen Energie abgeben.

Für den speziellen Fall eines Doppelsternsystems aus zwei Neutronensternen konnten die amerikanischen Astronomen Hulse und Taylor nach zwanzigjähriger Beobachtungszeit einen solchen Energieverlust beobachten und erhielten dafür 1993 den Nobelpreis. Bereits seit den sechziger Jahren versucht man jedoch auch, Gravitationswellen direkt nachzuweisen. Es handelt sich dabei um Krümmungen der Raum-Zeit, die sich mit Lichtgeschwindigkeit ausbreiten und sich weit entfernt von der Quelle als periodische Abstandsänderungen bemerkbar machen. Sie äußern sich als abwechselnde Dehnung und dazu senkrechte Stauchung des Raumes.

Allerdings sind die dabei auftretenden Längenänderungen so klein, daß sich im günstigsten Fall der Abstand von der Erde zur Sonne nur um den Durchmesser eines Atoms verändert!

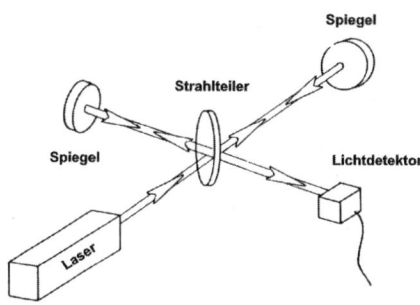

Abb. 22: Michelson-
Interferometer zur
Messung von
Gravitationswellen.

Daher ist bis heute noch kein direkter Nachweis dieser Wellen
gelungen.

Das Prinzip der optischen Anordnung, die zur Messung der
Gravitationswellen herangezogen werden soll, ist in Abb. 22
dargestellt. Es handelt sich um eine Modifikation des
Michelson-Interferometers, das wir bereits kennengelernt
haben.

Ein von einem Laser kommender Lichtstrahl wird mit Hilfe
einer halbdurchlässigen Glasplatte in zwei gleich intensive
Strahlen aufgeteilt. Am Ende dieser beiden Interferometerarme
stehen Spiegel, die die Lichtstrahlen in sich reflektieren. Wieder
an der Strahlteilerplatte angekommen, werden die zurücklau-
fenden Lichtwellen überlagert. Die Lichtintensität in der überlagerten Welle, die mit einem Photodetektor gemessen wird,
hängt empfindlich von der Differenz der Laufzeiten des Lichts
in den beiden Armen und damit von dem Armlängenunterschied ab. Wird nun einer der beiden Spiegel bewegt, so ändert
sich der Armlängenunterschied, und die mit dem Detektor
gemessene Intensität schwankt zwischen null und der vollen
Intensität des Lasers. Um diesen vollen Hub zu erreichen,
muß die Position eines Spiegels um nur ein Viertel der Lichtwellenlänge geändert werden. Daß schon Intensitätsänderun-
gen gemessen werden können, die nur einen kleinen Bruchteil
der vollen Intensität ausmachen, zeigt, wie empfindlich diese
Methode ist.

Eine einfallende Gravitationswelle bewirkt eine Dehnung des einen Interferometerarmes, bei gleichzeitiger Verkürzung des anderen. Nach einer halben Periode der Gravitationswelle kehren sich diese Längenveränderungen um. Zur Erhöhung der Nachweisempfindlichkeit wird der Lichtstrahl in beiden Interferometerarmen mehrfach hin und her reflektiert, bis die Laufzeit des Lichts in jedem Arm etwa einer halben Gravitationswellenperiode entspricht.

Die Messung wird durch mechanische Einflüsse (Seismik; thermische Vibration der Spiegel), durch Streulicht und durch Instabilitäten des Lasers gestört. An dem bisher empfindlichsten Prototyp dieser Art, dem 30-Meter-Interferometer des Max-Planck-Instituts für Quantenoptik in Garching bei München, ist es gelungen, diese Störungen so weit zu unterdrücken, daß bei derzeit erreichbaren Lichtleistungen (100 mW) und bei Frequenzen über 1 kHz die fundamentale Grenze des Schrotrauschens praktisch erreicht wurde.

Mit diesem Prototyp wurde gezeigt, daß die notwendige Präzisions-Lasermeßtechnik, optische Technologie und Elektronik zur Verfügung steht, um mit Aussicht auf Erfolg den Versuch wagen zu können, Gravitationswellen nachzuweisen, die von gewaltigen kosmischen Ereignissen wie kollabierenden Sternen, zusammenstoßenden Galaxien oder dem Urknall erzeugt werden. Da die Frequenz dieser Wellen der des Schalls gleicht, könnten wir das Universum buchstäblich hören, wenn unsere Ohren empfindlich genug wären.

GEO600 ist ein Gemeinschaftsprojekt von britischen und deutschen Arbeitsgruppen unter der Führung des Max-Planck-Instituts für Quantenoptik. Es handelt sich dabei um ein Laserinterferometer, das den durch Gravitationswellen verursachten Längenunterschied zwischen zwei 600 m langen Strecken mißt. Der L-förmige Detektor wird durch zwei rechtwinklig zueinander angeordnete Vakuumrohre gebildet, in denen Laserlicht hin- und zurückläuft, so daß man aus dem Laufzeitunterschied die durch die Gravitationswelle verursachte Armlängendifferenz ableiten kann. Seit September 1995 wird GEO600 auf einem Gelände der Universität Hannover in Ruthe bei Sarstedt gebaut. Die Aufnahme des Meßbetriebs ist für die Mitte des Jahres 2000 vorgesehen. Dieses Experiment ist eine außerordentliche Herausforderung, bei dem die heute zur Verfügung stehenden technischen Möglichkeiten der Präzisionsoptik voll eingesetzt werden müssen.

3.7 Andere Laseranwendungen

In den vorangegangenen Kapiteln konnten wir nur eine Auswahl wichtiger Laseranwendungen diskutieren. Es gibt viele Anwendungen in der Werkstoffbearbeitung, in der Medizin, die wir hier nicht angesprochen haben. Auch wären die Anwendungen in der integrierten Optik, in der Bildverarbeitung und Bilderkennung es wert, ausführlicher diskutiert zu werden. Ein weiteres Gebiet betrifft die Holographie, die es erlaubt, eine dreidimensionale Abbildung von Gegenständen zu erreichen. Ferner ist durch die interferometrische Holographie eine Methode gegeben, die Schwingungen von Gegenständen besonders empfindlich nachzuweisen. Alle diese Dinge, die sehr interessant sind, mußten hier unangesprochen bleiben. Am Ende des Kapitels möchten wir jedoch noch kurz zwei Punkte ansprechen: die Anwendung des Lasers in der Analytik und in der Kunst. Wir haben in Abschnitt 3.5 gesehen, daß der Laser hilft, einzelne Atome nachzuweisen. Dies ist die höchstmögliche Empfindlichkeit, die eine analytische Methode zu liefern vermag. Da ein Laserstrahl auch eine sehr geringe Divergenz hat, kann man das Licht auch benutzen, um Testmessungen bestimmter Bestandteile, z.B. der Atmosphäre, durchzuführen. Es ist so gelungen, das Gas Ozon (O_3), das unsere Erde vor der schädlichen Ultraviolett-Strahlung der Sonne schützt, zu untersuchen. Die Ozon-Schicht ist durch die anthropogenen Verunreinigungen gefährdet, weshalb eine ständige Untersuchung notwendig ist. Laserverfahren haben dies möglich gemacht. Das Verfahren kann bis in eine Höhe von 40 km das Ozon mit hinreichender Genauigkeit feststellen. Leider können wir hier nicht auf die Details eingehen.

Laserlicht übt eine ungeheuere Faszination auf Betrachter

aus. Deshalb ist es ganz natürlich, daß es auch in der Kunst seine Anwendungen findet. Auch hierfür möchten wir ein Beispiel erwähnen: Eine Lasershow anläßlich der Opernfestspiele in München (Tafel 8).

4. Quantenphänomene des Lichts – Quantenoptik

4.1 Interferenzen einzelner Photonen

Wir haben in den vorangegangenen Kapiteln die ersten Experimente kennengelernt, die zur Einführung der Lichtquanten oder Photonen geführt haben. Mit diesen Erkenntnissen war es klar geworden, daß Licht ein duales Verhalten zeigt, es kann entweder als Energiequant, Photon oder Lichtquant in Erscheinung treten oder aber als Welle. Es hängt von der experimentellen Anordnung ab, ob die eine oder andere Eigenschaft in Erscheinung tritt. Dieses Prinzip wurde im Jahr 1927 durch Bohr im Konzept der Komplementarität zusammengefaßt. Mit der Beobachtung, daß auch massive Teilchen, d.h. mit einer von null verschiedenen Ruhemasse, sich wie Wellen verhalten können, wurde das Komplementaritätsprinzip als eine allgemein gültige Tatsache angesehen.

Es lag nach der Einführung der Lichtquanten im Zusammenhang mit der Erklärung des Photoeffekts nahe, daß man versuchte, die Quantenvorstellungen mit dem Wellenbild in Verbindung zu bringen, um noch mehr über die Lichtquanten selbst zu lernen. Eines der Experimente, das gleich nach der Einführung der Lichtquanten die Physiker bewegt hat, war ein Interferenzexperiment bei geringer Intensität. Um diese Problematik zu erläutern, gehen wir von einem Youngschen Interferenzexperiment (vgl. Abb. 12) bei sehr geringen Intensitäten aus, bei dem maximal nur ein einziges Photon in der gesamten Anordnung vorhanden ist. Man muß dazu die Intensität der Lichtquelle so weit senken, daß sie nur noch der Intensität eines Photons pro Durchlaufzeit durch die Apparatur entspricht. Kann man in diesem Falle noch Interferenzen sehen? Ist es möglich, daß ein Photon mit sich selbst interferiert, oder geht die Interferenz unter diesen Bedingungen verloren, indem das Teilchen nur durch einen Schlitz der Anordnung läuft, es also so stark lokalisiert ist, daß es den anderen Spalt nicht wahrnimmt? Die Schwierigkeit bei diesen Experimenten liegt in der experimentellen Realisierung wegen der geringen Intensität. Die ersten Experimente dieser Art litten sehr unter diesen Problemen. Man mußte damals versuchen, die Interferenzstreifen durch Photoplatten zu registrieren. Es ergaben sich dann Belichtungszeiten von mehreren Wochen. Die Parameter der Apparatur mußten über lange Zeit äußerst konstant gehalten werden, damit sich durch kleinste Variationen der Abstände kein Auswaschen der Interferenzstreifen ergab. Dies waren deshalb keine leichten Experimente; so kam es auch, daß einige davon zu widersprechenden Ergebnissen führten. Das erste Experiment dieser Art wurde von dem Engländer G. I. Taylor bereits 1909 durchgeführt. Er hat Interferenzen bei geringen Intensitäten gesehen, sein Ergebnis war also, daß ein Photon tatsächlich in der Lage ist, mit sich selbst zu interferieren. Die experimentellen Anordnungen waren bei diesen Experimenten nicht immer Youngsche Anordnungen, was natürlich nicht erforderlich ist, man mußte nur eine Anordnung wählen, bei der das Photon verschiedene Wege hat, um zum Detektor zu gelangen. Das erste Experiment mit empfindlichen Photodetektoren, sogenannte Photomultiplier, wurde von dem Ungarn Lajos Janossy 1957 durchgeführt. Er verwendete ein Michelson-Interferometer, das eine Armlänge von etwa 15 m hatte. Um die nötige Temperaturkonstanz und auch die mechanische Stabilität zu gewährleisten, war das Experiment in einem Raum untergebracht, der in Fels gehauen wurde und sich in 30 m Tiefe auf dem Gelände des Instituts für Festkörperforschung der Ungarischen Akademie der Wissenschaften bei Budapest befand. Das Experiment wurde total ferngesteuert, so daß die Experimentatoren für den Zeitraum, in dem die Messungen durchgeführt wurden, den Experimentierraum nicht betreten mußten. Es konnte eindeutig nachgewiesen werden, daß die Interferenzen auch bei Intensitäten, die dem Fluß einzelner Photonen entsprachen, gemessen werden konnten.

Mit dem technischen Fortschritt, den die Nachweisinstrumente für Licht in den letzten Jahren erfahren haben, ist es heute kein Problem mehr, Einzelphotonenexperimente relativ schnell durchzuführen, da die Empfindlichkeit der Detektoren sehr hoch ist und man deshalb die Photonen mit hoher Wahrscheinlichkeit nachweist. Wir wollen uns das Ergebnis eines solchen Experimentes, das in Tafel 9 gezeigt ist, ansehen. Es handelt sich dabei um ein Youngsches Interferenzexperiment. Bei der gewählten Anordnung erwarten wir Interferenzstreifen, die vertikal angeordnet sind und den gezeigten Bildausschnitt vollständig ausfüllen. Der verwendete Photodetektor hat den zusätzlichen Vorteil, daß er den Ort, an dem ein Photon registriert wird, anzeigt. Das Bild zeigt von oben nach unten den zeitlichen Ablauf des Photonennachweises. Beim oberen Bild sind drei Photonen nachgewiesen worden, sichtbar gemacht durch drei Punkte. Wo das nächste Photon nachgewiesen wird, ist nicht vorhersagbar. Die Wahrscheinlichkeit, Photonen nachzuweisen, ist in entsprechenden Bereichen der Interferenzstreifen gleich groß. Wir können jedoch keine Aussage machen, wo das nächste Photon nachgewiesen werden wird, ebensowenig wie die darauffolgenden Ereignisse. Es gibt lediglich eine Aussage darüber, wo die Photonen mit größerer Wahrscheinlichkeit auftreffen werden; wir wissen jedoch nicht präzise, wo und wann das nächste Ereignis eintreten wird.

Beim nächsten Bild sind insgesamt 24 Photonen registriert; es kann immer noch keine Interferenzstruktur erkannt werden, ebenso bei der nächsten Tafel 9 a, bei der rund dreimal so viel Photonen nachgewiesen werden. Tafel 9 b zeigt dann, daß nach längerer Mittelungszeit vertikale Streifen gesehen werden können. Bei der Dichte der Punkte von Tafel 9 b kann es durchaus der Fall sein, daß an bestimmten Punkten mehrere Photonen gleichzeitig nachgewiesen worden sind. Dies läßt sich mit bloßem Auge nicht erkennen, da ein einmal und ein mehrmals getroffener Punkt gleich aussieht. Die Apparatur kennt jedoch diese Unterschiede und gibt dies nach einer vorgesetzten Zahl von Treffern durch einen Farbumschlag in der Darstellung kund. Punkte, an denen zehn und mehr Photonen nachgewiesen worden sind, werden deshalb mit anderer Farbe dargestellt. Der erste Farbumschlag erfolgt im obersten Bild von Tafel 9 b. Die folgenden Bilder zeigen dann weitere Stellen mit Farbänderung. Es sollte noch erwähnt werden, daß es mit kleiner Wahrscheinlichkeit passieren kann, daß ein Signal angezeigt wird, obwohl an der betreffenden Stelle kein Photon aufgetroffen ist. Diese Untergrundphotonen können entweder durch energetische Teilchenstrahlung aus dem Weltraum ausgelöst werden, aber auch durch Zufallsprozesse (thermisches Rauschen) im Detektor ausgelöst werden.

Tafel 9 zeigt eindrucksvoll die granulare bzw. diskrete Struktur des Photonenbildes. Durch die Mittelung vieler Ereignisse über längere Zeit kommt das Interferenzbild zustande. Das gemittelte Bild unterscheidet sich nicht von einer entsprechenden Messung bei hohen Intensitäten. Bei der in Tafel 9 gezeigten Messung kann jedoch davon ausgegangen werden, daß bei praktisch allen Ereignissen nur ein Photon gleichzeitig in der Apparatur war, d.h. ein Photon ist in der Lage, mit sich selbst zu interferieren, und das Ergebnis, das sich dabei ergibt, stimmt mit dem des Wellenbildes überein.

Was aber, wenn wir versuchen, im Experiment den Weg des Photons, ob es durch Spalt 1 oder Spalt 2 geht, zu bestimmen oder festzulegen. Es sind viele experimentelle Anordnungen in diesem Zusammenhang ersonnen worden, und viele Überlegungen sind dazu durchgeführt worden. Es zeigt sich, daß die Festlegung des Weges, den das Photon nimmt, gleichzeitig zur Zerstörung der Interferenzstreifen führt. Die Existenz der Interferenzstreifen beruht einzig auf der Unvorhersagbarkeit des genauen Weges des Photons von der Quelle zum Detektor. Von Einstein stammt z. B. das Gedankenexperiment, daß der Durchgang eines Photons durch einen der Schlitze über die Impulsübertragung des Photons auf diesen Schlitz gemessen werden kann. Durch die Beugung am Spalt erfolgt eine Richtungsänderung des Photons, was einer Änderung des linearen Impulses entspricht. Bestimmt man diesen Impuls, so ergibt sich dabei gleichzeitig auch eine Rückwirkung auf die Richtung des Photons; die führt zu einem Auswaschen der Interferenzstreifen.

Wir sehen jetzt auch die tiefere Bedeutung der Kohärenzbedingung, die wir in Abschnitt 2.4 im Zusammenhang mit dem Youngschen Interferenzexperiment diskutiert haben. Die Beugung am Kollimationsspalt verbreitert die zentrale Ordnung des Beugungsbildes, d. h., es entsteht dadurch eine gleich große Wahrscheinlichkeit, daß beide Spalte von einem Photon erreicht werden können. In der Sprache der Quantenmechanik würde man also sagen, daß die Wahrscheinlichkeitsamplituden der Photonen an beiden Spalten gleich sind. Es wird also keine von vornherein festgelegte Wegselektion durch die Führung des Experimentes vorgenommen. Beide Wege sind gleichberechtigt, was dann zur Interferenz führt. Wird ein Weg der beiden Alternativen bevorzugt oder gar der Weg des Photons festgelegt, so kann es nicht mehr zur Interferenz kommen.

Der oben erwähnte Vorschlag Einsteins für einen solchen „Welcher-Weg-Detektor" – einem Detektor, der uns Auskunft darüber gibt, welchen der alternativen Wege das Photon genommen hat, hat Bohr angeregt, die Heisenbergsche Unschärferelation für die Ort- und Impulsunschärfe mit dem Youngschen Interferenzexperiment in Verbindung zu bringen: Eine Festlegung des Weges des Photons (Spalt 1 oder 2) bedeutet, daß der Impuls des Photons eine zusätzliche Unschärfe erhält. Diese kann auch als Rückwirkung der eigentlichen Messung auf das Photon interpretiert werden und führt gleichzeitig zu einer Verschmierung der Interferenz. Wegen dieses Zusammenhangs wurde auch die Unschärferelation in Verbindung mit der Komplementarität gebracht. Die Argumente waren dabei folgende: Wenn der Weg des Photons bestimmt wird, dann verschwindet die Interferenz – in diesem Falle führt man eine Teilchenbeobachtung durch. Für den Fall, daß der Weg nicht bestimmt wird oder nicht bestimmbar ist, entspricht dies der Beobachtung einer Welle – in diesem Falle führt man eine Beobachtung der komplementären Eigenschaft durch und man beobachtet Interferenz.

Man weiß heute, daß die Verbindung zwischen Unschärfe-relation und Komplementarität nicht zwingend ist. Die Komplementarität ist ein viel allgemeineres Prinzip. Man hat nämlich „Welcher-Weg-Detektoren" gefunden, die nicht mit der Heisenbergschen Unschärferelation in Verbindung stehen und die trotzdem die Interferenz verschwinden lassen. Die Diskussion dieser Details würde jedoch zu weit führen, deshalb wollen wir es bei diesen wenigen Bemerkungen belassen. Wir wollen jedoch nochmals festhalten, daß die Interferenz dadurch zustande kommt, daß hinsichtlich des Weges ununterscheidbare Alternativen für das Photon existieren.

4.2 Die Korrelation von Photonen

Beim Nachweis der Photonen im Photoeffekt oder allgemein bei der photoelektrischen Registrierung der Photonen äußert sich der korpuskulare Charakter des Lichtes direkt. Das in Abschnitt 4.1 beschriebene Experiment zeigt, daß es Detektoren gibt, die in der Lage sind, Photonen in einem Lichtstrahl zu zählen. Mit dieser experimentellen Möglichkeit wird die Frage nach der zeitlichen Folge von Photonen in einem Lichtstrahl, d.h. nach der Statistik der Photonen, möglich. Wir werden sehen, daß dies zu einer wichtigen Charakterisierung der Licht-quellen führt, die grundsätzlich neu ist. Die zu erwartenden Aussagen gehen über diejenigen, die mit Hilfe der klassischen Physik gemacht werden können, hinaus, da nach Photonen und damit direkt nach Quanteneigenschaften gefragt wird.

Die Entwicklung dieser Untersuchungsmethode begann 1956, als zwei englische Astronomen, R. Hanbury-Brown und R. Q. Twiss, die Intensitätsfluktuationen von Lichtquellen untersucht haben. Der Ausgangspunkt ihrer Experimente war die Bestimmung des Durchmessers von Fixsternen. Diese Messung ist in Teleskopen nur schwer möglich, da im allgemeinen der Durchmesser, den der Beobachter wahrnimmt, durch die Beugung an der Teleskopöffnung bestimmt wird; dieses Phänomen begrenzt das örtliche Auflösungsvermögen eines Teleskops. Deshalb mußte man auf eine interferometrische Messung zurückgreifen. Zu diesem Zweck hatte Michelson eine Modifikation seines Interferometers als Sterninterferometer verwirklicht. Das Schema dieses Interferometers ist in Abb. 23 gezeigt.

Das Licht eines entfernten Sterns fällt über vier Spiegel Sp_1, Sp_3 sowie Sp_2 und Sp_4 auf eine Linse und wird auf der Photoplatte abgebildet. Der Winkel α gibt den Öffnungswinkel an, unter dem der Stern von der Erde aus gesehen wird. Der Strahlengang vom rechten Rand des Sterns ist deshalb geringfügig zu dem vom linken Rand geneigt. Hierdurch entsteht ein geringer Gangunterschied zwischen den beiden Randstrahlen, der auf der linken Seite durch Δ angedeutet wird. Dieser Gangunterschied gibt Anlaß zu Interferenzen. Die Größe Δ hängt vom Abstand d der Spiegel Sp_1 und Sp_2 ab. Je größer dieser Abstand wird, um so größer wird Δ, das heißt auch, daß die Interferenzen deutlicher zu sehen sind und die Messung des Sterndurchmessers deshalb genauer durchgeführt werden kann. Grenzen ergeben sich bei der Methode in der Größe von d, da bei zu großem Abstand das Sterninterferometer mechanisch instabil wird. Die Grenze der Methode liegt bei einer Messung bis herab zu 0.02 Bogensekunden. Mit einem Interferometer mit d = 6 m Abstand haben Albert Michelson und Francis Pease den Durchmesser von 0.047 Bogensekunden für die Beteigeuze, einem Riesenstern im Sternbild des Orions, gemessen.

Um die Grenze des Interferometers zu überwinden, haben Hanbury-Brown und Twiss im Jahre 1955 eine andere Methode realisiert, die im Folgenden beschrieben werden soll. Eine ähnliche Methode hatten beide bereits für die Radioastronomie erprobt, und sie dann in den sichtbaren Spektralbereich übertragen. Die Methode nutzt die Intensitätsschwankungen des Sternenlichtes aus. Das Licht wird dabei von zwei Teleskopen aufgefangen, die in einer gewissen Entfernung voneinander stehen. Die Anordnung ist in Abb. 24 gezeigt.

Man mißt bei dieser Anordnung keine Interferenzen wie im Michelson-Sterninterferometer, sondern es werden die Intensitätsschwankungen des Sterns mit zwei unabhängigen Detek-

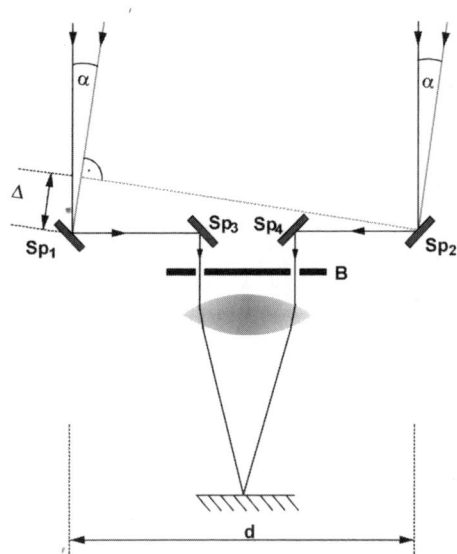

Abb. 23: Michelson-Sterninterferometer. Der Durchmesser des Fixsterns wird unter dem Winkel α gesehen. In der Abbildung ist der Winkel überhöht gezeichnet. In Wirklichkeit entspricht dieser Winkel etwa 10^{-5} Grad. Zwischen den Strahlen von den beiden Rändern des Sterns entsteht ein Gangunterschied Δ. Dieser Gangunterschied führt dann zu Interferenzen.

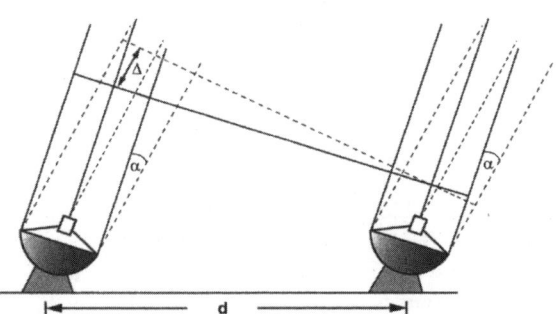

Abb. 24: Schema des Sterninterferometers nach Hanbury-Brown und Twiss. Das Licht eines Sterns wird gleichzeitig durch verschiedene Teleskope registriert, und die Intensitätsschwankungen werden dann elektronisch verarbeitet.

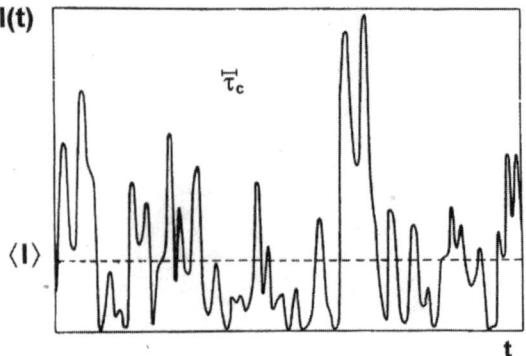

Abb. 25: Intensitätsschwankungen einer thermischen Lichtquelle aufgetragen über die Zeit t. Die gestrichelte horizontale Linie gibt den Mittelwert der Intensität an, wenn über ein längeres Zeitintervall gemittelt wird. Das Bild entspricht einer Messung mit einem schnellen Detektor. Die im oberen Teil angegebene Zeit τ_c entspricht der Kohärenzzeit. Dies ist die Zeit, in der eine Emission ohne Phasenstörung des emittierenden Atoms erfolgt. Diese Zeit liegt in der Größenordnung von ns bei Glühlampen oder bei Sternenlicht. Wir müssen uns dieses Licht als eine Überlagerung von Elementarwellen mit einer Dauer von einigen ns für die einzelnen Wellenzüge vorstellen. Die Überlagerung solcher Elementarwellen gibt dann den gezeigten Intensitätsverlauf. Die Kohärenzzeit ist noch in der Dauer der einzelnen Schwankungen zu erkennen. (Bild nach R. Loudon, University of Essex)

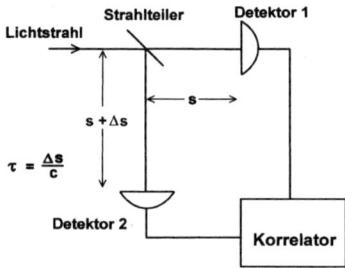

Abb. 26: Intensitätsinterferometer von Hanbury-Brown und Twiss. Die Photodetektoren messen die Intensitätsschwankungen mit hoher Zeitauflösung, so daß die Schwankungen aufgrund der Kohärenzlänge der Lichtquelle (siehe Tafel 5) sichtbar werden. Der Korrelator multipliziert die beiden Signale. Die Entfernung des zweiten Detektors vom Strahlteiler kann kontinuierlich verstellt werden.

toren registriert. Dieses „Intensitätsinterferometer" verläßt sich auf die Intensitätsschwankungen, die jede Lichtquelle hat. In Abb. 25 sind solche Schwankungen als Funktion der Zeit als Beispiel aufgezeichnet. Auf den Photodetektor wirkt jeweils die momentane Intensität des Sterns ein. Diese ist zusammengesetzt aus einer Überlagerung vieler Elementarwellen, die von der gesamten Sternoberfläche ausgehen.

Bevor Hanbury-Brown und Twiss ihr Sterninterferometer ausprobiert haben, wurde zunächst die Methode im Labor erprobt. Die Anordnung dazu ist in Abb. 26 gezeigt. Das Licht eines „Probesterns", der bei diesem ersten Experiment aus einer Quecksilber-Bogenlampe mit einer kleinen Lochblende davor bestand, fällt auf einen Strahlteiler. Dieser läßt etwa die Hälfte der Intensität hindurch, die andere Hälfte wird auf den Detektor 2 reflektiert. Beide Detektoren sind empfindliche Photodetektoren, die die Intensitätsschwankungen der Bogenlampe registrieren. Diese Schwankungen entsprachen etwa dem Verlauf, der in Abb. 25 gezeigt ist.

Die Besonderheit des Experiments bestand nun darin, daß die Entfernung s des Detektors 2 verändert werden konnte. Detektor 2 mißt deshalb den Intensitätsverlauf zu einem Zeitpunkt, der um den Betrag $\tau = \Delta s/c$ gegenüber dem Signal bei Detektor 1 verzögert ist, da das Licht zu Detektor 2 einen etwas längeren Weg zurücklegt als zu Detektor 1. Die von Detektor 2 gemessene Kurve ist deshalb gegenüber der Abb. 26 um τ zeitversetzt. Ist $\tau = 0$, so stimmen beide Kurven überein und entsprechend auch die registrierten Signale. Der in Abb. 27 eingezeichnete Korrelator multipliziert die beiden Signale. Ist $\tau = 0$, so wird diese Multiplikation zu einem Wert führen, der größer ist als bei anderen τ-Werten, da die beiden Signale optimal übereinstimmen. Mit größer werdendem τ fällt deshalb das Produkt stetig ab und erreicht schließlich bei ganz großen Werten von τ einen konstanten Betrag. Wird das Produkt der beiden Intensitäten noch durch die Intensitätsmittelwerte der beiden Detektoren dividiert, so erhält man für $\tau = 0$ den Wert 2, wie in Abb. 27 gezeigt. Bei großen Werten von τ fällt der normierte Wert auf 1 ab. In diesem Fall ist keine Korrelation mehr zwischen den Messungen mit den beiden Detektoren vorhanden, das Ergebnis wird deshalb gleich 1 und ist unabhängig von τ. Mit ihrer Methode haben Hanbury-Brown und Twiss einen neuen Weg eröffnet, um die Kohärenzlänge thermischer Lichtquellen zu messen. Die Bedeutung dieses Experimentes ist jedoch noch viel größer, wie wir weiter unten sehen werden, da es noch weitergehende Aussagen über das Licht erlaubt.

Wir wollen jedoch zunächst zum Sterninterferometer zurückkehren, das der Ausgangspunkt für die Erfindung der Intensitätskorrelationsmessung war. Wie kann man mit dieser Methode den Durchmesser eines Sterns bestimmen? Dazu gehen wir zu Abb. 24 zurück. Die dort eingezeichnete Größe Δ ist der Wegunterschied am linken Teleskop, für zwei Lichtstrahlen, die vom linken bzw. rechten Rand des zu messenden Sterns ausgehen. Kommt Δ in die Größenordnung von λ, so führt dies zur Auslöschung der beiden Randstrahlen. Die Photonenkorrelation zwischen beiden Teleskopen fällt deshalb schneller ab, als es der Kohärenzzeit des Sternenlichts entspricht. Durch die „Größe" des Sterns wird also die Kohärenzzeit verkürzt. Die Größe für den Winkel α erhält man aus der Bedingung $\alpha = \Delta/d$. Eine Voraussetzung für das Funktionieren der Methode ist, daß die Kohärenzlänge des Sternenlichts mehrere Wellenlängen beträgt, was erfüllt ist. Es wird bei dem Verfahren wiederum die Intensitätskorrelation bestimmt. Der Abfall der Kurve (Abb. 27) wird jetzt jedoch durch die Zeit $\tau_c = \Delta/c$ vorgegeben, wobei $\Delta \approx \alpha d$ ist.

Hanbury-Brown und Twiss haben für ihr erstes Stern-Intensitätsinterferometer zwei Militär-Scheinwerferspiegel benutzt, die in Jodrell-Bank, etwa 40 km südlich von Manchester in England gelegen, aufgestellt worden sind. Jodrell-Bank ist ein Zentrum der Radio-Astronomie, das zur Universität Manchester gehört. Der erste Stern, dessen Durchmesser untersucht wurde, war der Sirius. Der Abstand der beiden Teleskope wurde zwischen etwa 3 und 10 m variiert; aus den Messungen wurde α zu 0.0071 Bogensekunden bestimmt. Dies ist ein Wert, der mit dem Sterninterferometer von Michelson niemals erreichbar gewesen wäre. Anfang der sechziger Jahre wurden die durch die neue Methode gegebenen Möglichkeiten durch Einrichtung einer weiträumigen Beobachtungsstation in Australien (Narrabri) weiter ausgeschöpft. Dort wurden die Teleskope auf zwei Eisenbahnwagen montiert, die sich auf einem Schienenkreis mit dem Radius von 185 m bewegen können. Mit dieser Anordnung lassen sich Sterndurchmesser bis herunter zu 0.0005 Bogensekunden messen. Diese Genauigkeit entspricht der Messung des Durchmessers eines 2 mm großen Stecknadelkopfes aus 14 km Entferung!

Mit der Entwicklung sehr empfindlicher Photodetektoren ausgangs der sechziger Jahre wurde es möglich, Lichtintensitäten auch über eine Zählung von Photonen zu messen. Da die Ansprechwahrscheinlichkeit eines Photodetektors proportional zu der auf der empfindlichen Oberfläche herrschenden momentanen Intensität ist, spiegelt die Zahl der in einem bestimmten Meßintervall gezählten Photonen die Intensität des Strahlungsfeldes wieder. Wird das Zeitintervall, in dem die Photonen gezählt werden, kürzer als die Kohärenzzeit τ_c gewählt, so kann aus dem Zeitverlauf der Photonenzählrate in der gleichen Weise die Intensitätskorrelation bestimmt werden, wie dies bei einer direkten Intensitätsmessung geschieht.

Die direkte Beobachtung der Photonen läßt jetzt eine noch weitergehende Fragestellung zu, nämlich nach der Photonenstatistik, d.h. nach der zeitlichen Folge der Photonen. Um diese Statistik zu messen, benötigt man im Prinzip nur einen Photonendetektor, der fortlaufend die auftreffenden Photonen registriert. Bei diesem Verfahren ergibt sich jedoch der Nachteil, daß die Photodetektoren, nachdem sie ein Photon nachgewiesen haben, zunächst für eine kurze Zeit im Bereich von rund 10 Nanosekunden kein weiteres Photon mehr nachweisen können, da eine gewisse Erholzeit notwendig ist. Eine Sequenz von schnell aufeinanderfolgenden Photonen kann nicht gemessen werden. Man greift daher auch hier auf die Anordnung von Hanbury-Brown und Twiss zurück (vgl. Abb. 26). Der Meßvorgang läuft nun folgendermaßen ab: Hat Detektor 1 ein Photon nachgewiesen, so wird eine schnelle Uhr gestartet, die wieder gestoppt wird, wenn der zweite Detektor ein Photon registriert. Der erste Detektor liefert also den Start- und der zweite den Stopimpuls. Wird dies oft genug wiederholt, so erhält man eine Aussage über die Wahrscheinlichkeit, daß auf ein erstes Photon ein zweites folgt. Diese Wahrscheinlichkeit zeigt den gleichen Verlauf wie die Photonenkorrelation, die in Abb. 27 aufgetragen ist; man muß dann ebenso wie bei der Intensitätsmessung eine Normierung vornehmen, die entsprechend mit der Zahl der insgesamt gemessenen Photonen erfolgt.

Wird die Intensitätsmessung durch ein Zählen der Photonen ersetzt, so können wir natürlich nicht davon ausgehen, daß jedes ankommende Photon auch tatsächlich nachgewiesen wird. In der Tat ist es so, daß im Mittel nur jedes dritte Photon gemessen wird. Deshalb ist die Frage berechtigt, ob die Aussage über die Photonenstatistik, die wir aus dem Hanbury-Brown-und-Twiss-Experiment erhalten, richtig ist. Diese Frage kann aus folgendem Grunde bejaht werden. Der Fehler, der beim Nachweis gemacht wird, verteilt sich gleichmäßig auf alle Zeitintervalle zwischen Start- und Stopimpulsen. Er fällt deshalb bei der Normierung der Zählrate heraus und beeinflußt keinesfalls die Zeitsequenz, wenn die Messung hinreichend lange durchgeführt wird. Die Gesamtzählrate muß jedoch groß genug sein, so daß eine statistisch relevante Aussage möglich ist.

Das in Abb. 27 gezeigte Ergebnis für die Intensitätskorrelation, das sich in ähnlicher Weise auch bei der direkten Photonenmessung zeigt, läßt folgende Deutung zur Statistik zu. Die Wahrscheinlichkeit, daß ein zweites Photon auf ein erstes folgt, ist maximal, wenn die Zeiten τ klein sind. Die Konsequenz davon ist, daß auf jedes Photon mit großer Wahrscheinlichkeit ein zweites folgt. Man spricht hier vom „Bunching" oder Klumpen der Photonen. Für Zeiten größer als τ_c verschwindet der Effekt dann sehr schnell.

Nachdem der Laser erfunden war, lag es natürlich nahe, auch die Photonenstatistik von Laserlicht zu untersuchen. Diese Experimente sind Mitte der sechziger Jahre von dem Ita-

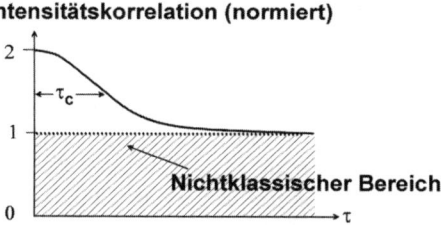

Abb. 27: Normierte Intensitätskorrelation, die in einem Hanbury-Brown-und-Twiss-Interferometer gemessen wird. Der genaue Verlauf der Korrelation hängt vom Spektrum der untersuchten Lichtquelle ab. Diese Details können hier nicht diskutiert werden. Die Größe τ_c steht wieder für die Kohärenzzeit der Lichtquelle. Für klassisches Licht (elektromagnetische Welle ohne Quantisierung) ist nur der Wertebereich von 1 und darüber erlaubt. In einer Quantenbetrachtung können auch Werte aus dem schraffierten Bereich erhalten werden. Bei Licht, das eine Korrelation in diesem Bereich ergibt, spricht man von nichtklassischem Licht.

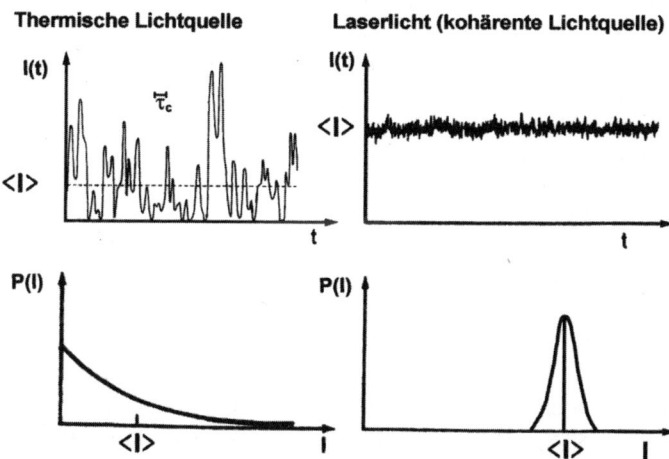

Abb. 28: Das obere Bild zeigt die Intensitätsschwankungen einer thermischen Lichtquelle (links) und die einer kohärenten Lichtquelle (rechts). Der untere Teil zeigt die zugehörigen Wahrscheinlichkeitsverteilungen für die Intensität. Die Verteilung links ist die Bose-Einstein-Verteilung, während Laserlicht eine Poisson-Verteilung ergibt.

liener T. Arecchi durchgeführt worden. Es hat sich dabei ergeben, daß Laserlicht eine von τ unabhängige Photonenstatistik ergibt. Das Ergebnis ist durch die punktierte Linie in Abb. 27 gegeben. Beim Laserlicht ist also jede Zeit zwischen zwei aufeinanderfolgenden Photonen gleich wahrscheinlich. T. Arecchi konnte damals auch die Änderung der Photonenstatistik an der Schwelle des Lasers, d.h. beim Übergang von spontaner Emission in die stimulierte Emission, zeigen. In dieser Situation geht das statistische Verhalten vom „Bunching" der Photonen in einen konstanten Wert für die Photonenkorrelation über (Übergang schwarze Linie in punktierte Linie in Abb. 27), der ein Charakteristikum einer kohärenten Welle ist.

Wir können die Frage der Photonenstatistik noch auf eine andere Weise diskutieren, die zunächst unabhängig vom Hanbury-Brown-und-Twiss-Experiment ist. Betrachten wir den Intensitätsverlauf, den wir für eine thermische Lichtquelle messen und der in Abb. 25 dargestellt ist und nochmals im linken oberen Teil von Abb. 28 wiederholt wird, so können wir aus der Kurve entnehmen, mit welcher Wahrscheinlichkeit bestimmte Intensitäten vorkommen. Wir erhalten diese Werte, indem wir das Verhältnis aus der Anzahl der Messungen bei einem bestimmten Intensitätswert und der Gesamtzahl der Messungen berechnen. Die entsprechenden Kurven sind in Abb. 28 (untere Reihe) dargestellt.

Die Wahrscheinlichkeitsverteilung für das thermische Licht entspricht der sogenannten Bose-Einstein-Verteilung. S. N. Bose, einem indischen Physiker, der an der Universität Dacca in Ost-Bengalen lehrte, ist Anfang 1924 eine neue Ableitung der Planckschen Strahlungsformel gelungen. Er sandte seine Ergebnisse zur Publikation an das *Philosophical Magazine*, dort wurden sie jedoch von einem Gutachter abgelehnt. Bose wandte sich deshalb an Einstein, der damals 45 Jahre alt war, jedoch wegen seiner bahnbrechenden Entdeckungen bereits weltweit als Autorität in der Physik angesehen wurde. Bose hat Einstein sein Manuskript zugeschickt und ihn gebeten, sich bei der *Zeitschrift für Physik* für eine Veröffentlichung der Arbeit einzusetzen, für den Fall, daß er den Inhalt für publikationswürdig hielte. Einstein war von der Arbeit begeistert, hat sie ins Deutsche übersetzt und mit einem Zusatz versehen, daß er die von Bose gegebene Ableitung des Planckschen Gesetzes für einen wichtigen Fortschritt hält, der zu Aussagen über die Quantentheorie des idealen Gases führt; er kündigte an, daß er hierüber an anderer Stelle berichten wird. Mit diesem Zusatz wurde die Arbeit in der *Zeitschrift für Physik* 1924 publiziert. Bose wurde dadurch berühmt. Er erhielt ein Stipendium und konnte so Europa und damit alle berühmten Plätze besuchen, an denen damals die Quantenmechanik entwickelt wurde.

Einstein erkannte die neuen Ansätze in der Arbeit von Bose und entwickelte daraus ein wichtiges Konzept der Quantenstatistik, das heute unter dem Namen Bose-Einstein-Statistik bekannt ist. Diese Arbeiten sind Ende 1924 und Anfang 1925 entstanden und wurden in den Sitzungsberichten der Preußischen Akademie der Wissenschaften publiziert.

Die Bose-Einstein-Statistik wird, im Gegensatz zur Fermi-Dirac-Statistik, angewendet auf unterscheidbare Teilchen, für die die Besetzung in einem Quantenzustand nicht limitiert ist. Bei der Fermi-Dirac-Statistik hingegen kann ein Quantenzustand nur durch ein Teilchen besetzt sein. Man nennt die Teilchen, die der Bose-Einstein-Statistik folgen, Bosonen – im Gegensatz zu Fermionen, auf die die Fermi-Dirac-Verteilung zutrifft. Bosonen haben einen ganzzahligen Spin und Fermionen einen halbzahligen Spin. Lichtquanten oder Photonen müssen, da sie den Drehimpuls eins haben, unter die Bosonen gerechnet werden. Elektronen sind typische Vertreter der Fermionen, und Atome können je nach dem Wert ihres Gesamtdrehimpulses zu der einen oder anderen Gruppe gehören. Die Statistik des thermischen Lichts zeigt diese Zugehörigkeit direkt. Photon-Bunching, das wir beim Hanbury-Brown-und-Twiss-Experiment gefunden haben, ist eine Konsequenz der Tatsache, daß Photonen als Bosonen angesehen werden müssen. Fermionen zeigen dieses Verhalten nicht. Bei diesen Teilchen kann kein Bunching auftreten.

Wir sollten hier auch erwähnen, daß eine Vorhersage der Bose-Einstein-Theorie ist, daß Bosonen bei sehr tiefer Temperatur, nämlich dann, wenn die De-Broglie-Wellenlänge vergleichbar mit dem Abstand der Teilchen wird, in den gleichen Quantenzustand, ihren Grundzustand, übergehen können. Die Besetzung des gleichen Zustandes darf bei Bosonen beliebig groß sein, wie bereits oben erwähnt. Diese Situation entspricht der Bose-Einstein-Kondensation, die in der Bose-Einstein-Theorie vorhergesagt worden ist und die vor vier Jahren erstmals für verdünnte Gase demonstriert worden ist. Dieser spezielle Zustand wurde durch eine Kombination verschiedener Techniken erreicht. Die Atome wurden zunächst durch Laserlicht eingefangen und gekühlt (s. dazu auch Abschnitt 3.5); danach wurden die bereits sehr kalten Atome in einer magnetischen Falle eingefangen. Diese Falle hat ein inhomogenes Magnetfeld und wirkt auf die magnetischen Dipole der Atome. Da diese Wechselwirkung sehr gering ist, können nur Atome eingefangen werden, die bereits sehr kalt sind, d.h. eine sehr geringe Geschwindigkeit haben. Um die Bose-Einstein-Kondensation zu erreichen, müssen die Atome jedoch noch weiter abgekühlt werden. Diesen letzten Schritt erreicht man dadurch, daß das Fallenpotential so weit verringert wird, daß die Untergruppe von Atomen, die wärmer als der Durchschnitt ist, entweichen kann, während die anderen Atome in der Falle verbleiben. Dadurch wird die mittlere Temperatur schrittweise abgesenkt, bis schließlich die Kondensation eintritt. Dieser Vorgang ist analog dem Kühlen von Kaffee in einer Tasse durch Wegblasen des Dampfes an der Oberfläche.

Wir sollten an dieser Stelle erwähnen, daß aus einem Bose-Einstein-Kondensat kohärente Atome analog zum Lichtstrahl eines Lasers erzeugt werden können. Zu diesem Zweck wird die magnetische Falle mit dem Kondensat leicht geöffnet. Der Strahl von Atomen, der dann die Falle verläßt, ist ein kohärenter Atomstrahl. Man spricht deshalb auch von einem Atom-Laser. Es sind inzwischen in verschiedenen Labors der Welt solche Atom-Laser realisiert worden (z. B. beim Massachusetts Institute of Technology in Cambridge bei Boston, am National Institute for Science and Technology in Gaithersburg und an der Universität München). Diese laseranalogen Materiestrahlen werden sicherlich in Zukunft sehr viele Anwendungen finden. Wir wollen jedoch nun zur Diskussion der Photonenstatistik zurückkommen.

Im Falle des Laserstrahles sind die Intensitätsschwankungen geringer als bei einer thermischen Lichtquelle. Die Photonen zeigen hier eine Wahrscheinlichkeitsverteilung, die man Poisson-Verteilung nennt. Diese Verteilung unterscheidet sich, wie aus Abb. 28 zu ersehen ist, grundlegend von der für thermisches Licht zuständigen Bose-Einstein-Verteilung. Sie zeigt ein ausgeprägtes Maximum an einer Stelle, die nahe an der mittleren Photonenzahl liegt und schmaler ist als die Bose-Einstein-Verteilung. Für die Breite ΔI der Poisson-Verteilung gilt $(\Delta I)^2 = \langle I \rangle$, wobei $\langle I \rangle$ für den Mittelwert der Intensität steht. Die Verteilung entspricht derjenigen, die man für eine große Zahl von Messungen einer um einen Mittelwert schwankenden Meßgröße erhält. Sie wurde bei Überlegungen zur Statistik von Meßgrößen von dem Franzosen S. D. Poisson Anfang des 19. Jahrhunderts gefunden und kann hier auf die Messung der Intensität des Lasers übertragen werden. Dieses Ergebnis ist eine Folge der Tatsache, daß die Intensität wegen der Energiequantisierung diskrete Werte hat. Aufgrund der diskreten Zahl von Photonen ist deshalb die Intensität einer Schwankung unterworfen, die mit der Energie der einzelnen Photonen zusammenhängt. Bei einer klassischen kohärenten Welle würde man einen festen Wert und keine Verteilung erhalten.

Die Quantenbehandlung des Hanbury-Brown-und-Twiss-Experimentes, die Anfang der sechziger Jahre vom amerikanischen Physiker R. Glauber ausgeführt wurde, bringt neben den Ergebnissen, die wir bereits diskutiert haben, noch zusätzliche Aussagen, die wir im folgenden ansprechen wollen. In der klassischen Physik wird das Feld der ankommenden Welle am Strahlteiler gleichmäßig auf die beiden Detektoren aufgeteilt (Abb. 26). Jeder Detektor mißt somit das gleiche Signal. Dies ist jedoch nicht so bei einem Quantenfeld, da ein Photon nur einmal nachgewiesen werden kann; das Photon kann nicht am Strahlteiler wie ein klassisches Feld aufgeteilt werden, und nur ein Detektor kann es nachweisen.

Dies führt dazu, daß die Photonenkorrelation bei einer Quantenbetrachtung auch Werte annehmen kann, die klassisch nicht möglich sind. Hierbei handelt es sich um Werte für die normierte Intensitätskorrelation im Wertebereich kleiner als eins. Dieser nichtklassische Bereich ist in Abb. 27 durch eine Schraffur angedeutet.

Wir wollen uns vorstellen, wie die Photonenstatistik für einen Lichtstrahl aussieht, der eine Photonenkorrelation in diesem Bereich ergibt. Wird im Detektor 1 ein Photon nachgewiesen, so ist die Wahrscheinlichkeit null, daß in Detektor 2 ein Photon ankommt. Erst nach einer gewissen Zeit baut sich eine Wahrscheinlichkeit für einen Nachweis auf. Man nennt dieses Phänomen „Anti-Bunching". Es ist genau die gegensätzliche Situation wie beim „Bunching". Zwischen aufeinanderfolgenden Photonen ist eine Pause eingeschaltet. Es kann bei diesem nichtklassischen Licht nicht vorkommen, daß zwei Photonen sehr dicht aufeinanderfolgen. In Abb. 29 haben wir die Photonenfolgen für die unterschiedlichen Fälle zusammengestellt, wie sie sich in einer Computersimulation ergeben. Durch die sehr große Unregelmäßigkeit der Photonenfolge zeigt der Strahl von thermischem Licht sehr große Intensitätsschwankungen, wie dies auch aus Abb. 28 hervorgeht, wo deutlich zu sehen ist, daß der wahrscheinlichste Wert der Intensität null entspricht, d.h., mit der höchsten Wahrscheinlichkeit ist keine Intensität vorhanden, es können aber auch hohe Werte auftreten, was dann der Fall ist, wenn Photonen gleichzeitig oder mit geringer Zeitverzögerung ankommen, d.h., wenn „Bunching" vorliegt.

Als das Experiment von Hanbury-Brown und Twiss publiziert wurde, hatte man zunächst angenommen, daß das beobachtete Bunching eine Folge der Bose-Einstein-Statistik für die Photonen ist. Dies heißt, daß Photonen sehr kurz aufeinanderfolgen können. Die Ergebnisse der Glauberschen Überlegungen zeigen jedoch, daß Photonen durchaus auch ein Verhalten zeigen können, das im Sonderfall einer Photonenfolge mit gleichen Zeitabständen den Erwartungen einer Fermi-Dirac-Statistik entsprechen kann. In diesem Fall kann die Strahlung

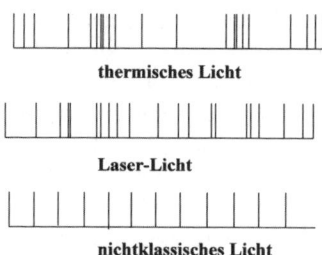

thermisches Licht

Laser-Licht

nichtklassisches Licht

Abb. 29: Folge von Photonen für thermisches Licht, einen kohärenten Laserstrahl und für nichtklassisches Licht. Die Schwankungen der Intensität beim thermischen Licht sind am größten, da die Photonenfolge sehr unregelmäßig ist. Der nichtklassische Lichtstrahl schwankt fast nicht, da es sich um eine regelmäßige Photonenfolge handelt.

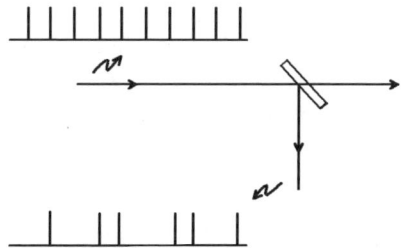

Abb. 30: Nichtklassische Photonenfolge an einem Strahlteiler. Der Strahlteiler teilt die Photonen zwischen Reflexion und Durchlaß auf, so daß jeder Anteil etwa 50% der Photonen pro Zeiteinheit beträgt. Hierdurch wird die Photonenfolge geändert, und es entsteht eine Verteilung, die wiederum einer Poisson-Verteilung entspricht. Nur die Photonenfolge im reflektierten Strahl ist in der Abbildung gezeigt.

nicht mehr mit Mitteln der klassischen Physik beschrieben werden.

Das Vorhandensein des Anti-Bunching ist ein weiterer Beweis für die Quantennatur des Lichtes. Wir werden in den nächsten Kapiteln weitere Details über das nichtklassische Licht kennenlernen. Wir werden in Abschnitt 4.5 sehen, daß das Licht eines Ions Anti-Bunching zeigt (s. auch Abb. 36).

111

Nichtklassisches Licht hat geringere Intensitätsschwankungen als Laserlicht. Wenn man für dieses Licht die in Abb. 28 gezeigte Wahrscheinlichkeitsverteilung auftragen würde, so erhielte man eine Breite der Verteilung, die geringer als diejenige einer Poisson-Verteilung ist. Man spricht in diesem Falle auch von einer Sub-Poisson-Verteilung. Der thermische Lichtstrahl folgt dementsprechend einer Super-Poisson-Verteilung. Nichtklassisches Licht wäre wegen seiner geringen Intensitätsschwankungen im Prinzip für eine Nachrichtenübertragung sehr geeignet, allerdings ergibt sich bei einer Anwendung das Problem, daß das nichtklassische Licht sehr leicht zerstört werden kann. Wir lassen dazu einen nichtklassischen Strahl auf einen Strahlteiler auftreffen, der einen Teil der Photonen reflektiert und einen anderen transmittiert. Da die Photonen nicht aufgeteilt werden, wird die Photonenfolge geändert. Die beiden Teilstrahler haben deshalb wieder größere Intensitätsschwankungen, die wieder einer Poisson-Verteilung entsprechen, die charakteristisch für kohärentes Licht ist. Dieses Phänomen wird in Abb. 30 erläutert. Entsprechendes passiert, wenn in der Übertragungsleitung Verluste vorliegen und Photonen dadurch verlorengehen. Jeder Verlust bedeutet, daß die gleichmäßige Photonenverteilung in eine ungleichmäßige geändert wird. Trotz dieser Schwierigkeiten ist es jedoch möglich, nichtklassisches Licht zu erzeugen. Wir werden in den nächsten Kapiteln kennenlernen, wie dies geschieht.

4.3 Weiteres zur Quantenbehandlung des Lichts und die Interferenz von Licht verschiedener Lichtquellen

In diesem Abschnitt wollen wir uns etwas genauer den Zusammenhang zwischen Amplitude und Phase einer elektromagnetischen Welle anschauen und dann die Verhältnisse diskutieren, die sich bei der Quantisierung der Strahlung ergeben. Wir werden bei diesen Betrachtungen weitere wichtige Tatsachen über den Unterschied zwischen thermischem Licht, Laserlicht und nichtklassischem Licht erfahren. Im letzten Abschnitt hat uns die Photonenkorrelation interessiert, dies ist eine Fragestellung, die mit der Folge der Photonen in einem Lichtstrahl zusammenhängt und somit mit den Intensitätsschwankungen. Die Intensität steht in der klassischen Physik mit dem Quadrat der Amplitude des elektrischen Feldes in Verbindung. Bei einer Quantenbetrachtung ist die Intensität identisch mit der Anzahl der Photonen, die auf einer Fläche in der Zeiteinheit auftreffen. Beide Größen lassen sich einwandfrei ineinander umrechnen. Verkürzt gesagt, haben wir bisher die Schwankungen der Amplitude eines Feldes betrachtet. Diese können wir aus den Intensitätsschwankungen berechnen. Jetzt wollen wir auch die Phase der Schwingung betrachten. Wenn wir dies beabsichtigen, so müssen wir zunächst eine Möglichkeit finden, die Phase einer elektromagnetischen Welle zu messen und dann auch darzustellen.

Wir haben in Abschnitt 2.1 bereits die Phase einer elektromagnetischen Welle angesprochen. Die Phase ist das Argument in der periodischen Funktion, die die Welle beschreibt. Dieses Argument hat einen zeitabhängigen und einen ortsabhängigen Anteil (Formel siehe Abschnitt 2.1). Es gibt noch einen weiteren Anteil, den wir damals nicht betrachtet haben und der uns im folgenden interessiert. Dieser bestimmt den Wert der Amplitude, wenn die Welle am Ausgangspunkt $z = 0$ und zur Zeit $t = 0$ betrachtet wird. Er ist eine Konstante φ, die zwischen 0 und 2π variiert. Hiermit sind alle Anfangswerte eingeschlossen, da die Gleichung für die Welle sich mit der Periode 2π wiederholt. Die Amplituden der Welle stimmen für $\varphi = 0$ und $\varphi = 2\pi$ wegen dieser Periodizität überein.

Um die Anfangsphase und die Amplitude gemeinsam darzustellen, verwenden wir das Zeigerdiagramm, das in Abb. 31 gezeigt ist. Dieses Zeigerdiagramm wird in der Elektrotechnik immer verwendet, wenn Amplitude und Phase gleichzeitig dargestellt werden müssen. Ein Punkt in der $\hat{x}\hat{y}$-Ebene entspricht einem bestimmten Wert in Phase und Amplitude (φ_1 und a_1), wie dies in Abb. 31 eingezeichnet ist. Eine andere Welle kann eine andere Phase und Amplitude haben (φ_2 und a_2). Betrachten wir nun einen Lichtstrahl, so können wir dessen Phase und Amplitude in diesem Diagramm veranschaulichen. Die periodische Zeit- und Ortsabhängigkeit der Welle, die natürlich ebenfalls vorhanden ist, wird in diesem Diagramm nicht berücksichtigt. Wenn wir Interferenzen zwischen zwei Strahlen beobachten wollen, dann muß eine konstante Phasendifferenz vorhanden sein; diese muß auch während der Messung aufrechterhalten werden, da sonst die Interferenzstreifen ausgewaschen werden, d.h. aber auch, daß die Frequenzen der Quellen übereinstimmen müssen. Wenn wir zu Abb. 1 b zurückgehen, dann würde dies bedeuten, daß die Änderung der Phasendifferenz zu einer Verschiebung der Maxima und Minima der Interferenzstreifen führt, was dann ein Verschwinden der Streifen zur Folge hätte.

Eine ideale kohärente Lichtquelle hält Phase und Amplitude aufrecht. Eine solche Lichtquelle würde z.B. dem Punkt 1 in Abb. 31 entsprechen. Würde man das Licht dieser Quelle mit dem einer zweiten Quelle (Punkt 2) zur Überlagerung bringen und wären die Frequenzen der Quellen zudem noch gleich, so würde eine zeitlich konstante Interferenz entstehen. Wir wissen bereits, daß es nicht ohne weiteres möglich ist, solche Quellen für Licht herzustellen.

Betrachten wir zunächst eine thermische Lichtquelle, die wir im letzten Kapitel ausführlich diskutiert haben. Wir haben damals angenommen, daß die Kohärenzzeit einer solchen Quelle im Bereich von Nanosekunden liegt. Dies heißt, daß etwa nach einer Nanosekunde die Phase und meistens auch die Amplitude des ausgestrahlten Lichts sich ändert. Wenn wir also für eine gewisse Zeit Phase und Amplitude beobachten, so bekommen wir ein Bild, das in Abb. 32 dargestellt ist.

Die Punkte für Phase und Amplitude sind relativ gleichmäßig über die gesamte $\hat{x}\hat{y}$-Ebene verteilt. Interferenzen können mit einer solchen Quelle nur dann beobachtet werden, wenn gleiche Bereiche der Quelle herausgegriffen werden und die Phasendifferenz über unterschiedliche Wege eingestellt wird. Zwei verschiedene Quellen können nie zur Interferenz führen, da sich die Phasen ständig ändern und die Streifen deshalb ausgewaschen werden. Das in Abb. 32a gezeigte Bild entspricht den in Abb. 25 gezeigten Intensitätsschwankungen.

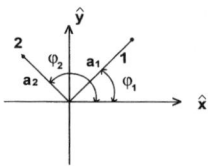

Abb. 31: Amplituden- und Phasendiagramm eines Lichtfeldes. Die Phase φ und die Amplitude a einer Welle wird durch einen Punkt in dieser Ebene dargestellt. In der Abbildung sind die Werte für zwei kohärente Wellen gezeigt.

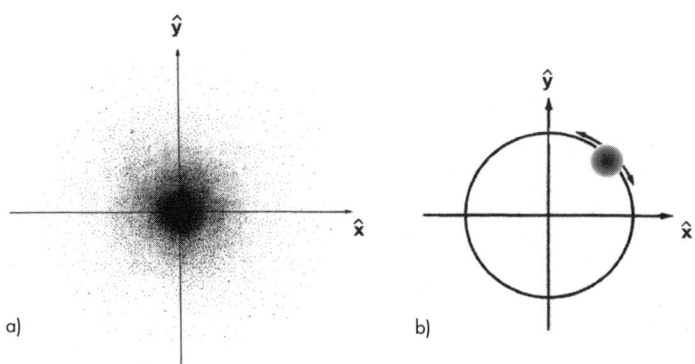

a)   b)

Abb. 32: Amplituden- und Phasendiagramm für eine thermische Quelle (a) und ein Laserfeld (b). Die in (a) gezeigten Punkte entsprechen den Intensitätsschwankungen, die in Abb. 25 und Abb. 28 (links oben) gezeigt werden. Die mittlere Phase des Laserlichtes verändert sich langsam entweder im oder gegen den Uhrzeigersinn aufgrund der Phasendiffusion, die durch die spontanen Übergänge im Lasermaterial bedingt wird. Die in (b) eingezeichnete Unschärfe für Phase und Amplitude entspricht der im Text diskutierten Unschärferelation.

Bei einer Laserlichtquelle ist die Situation etwas anders. Aufgrund der Poissonstatistik für die Intensität verändert sich die Amplitude. Deshalb haben wir in Abb. 32b nicht nur einen Punkt, sondern eine unscharfe Verteilung. Die Tatsache, daß bei einer Laserlichtquelle die Anfangsphase der Schwingung durch spontane Übergänge hervorgerufen wird, führt dazu, daß die Ausgangsphase nicht fest bleibt, sie kann sich langsam ändern und dem Kreis, der in der Abb. 32b eingezeichnet ist, folgen. Man spricht in diesem Falle von Phasendiffusion. Diese Änderung kann im Uhrzeigersinn oder gegen den Uhrzeigersinn erfolgen, da es keinen Mechanismus gibt, der die Phase festhält. Die Geschwindigkeit dieser Änderung ist nicht vorherbestimmbar. Überdies kommt natürlich noch hinzu, daß zusätzlich zur Phasenänderung noch eine Frequenzänderung der Ausgangsfrequenz des Lasers durch eine Abstandsänderung der Spiegel des Laserresonators erfolgen kann. Solche Änderungen können z. B. durch Temperaturschwankungen oder durch kleinste Vibrationen hervorgerufen werden.

Es ist möglich, Interferenzen für eine kurze Zeit für das Licht von zwei verschiedenen Laserquellen zu beobachten. Die Zeiten, in denen eine Beobachtung möglich ist, sind jedoch durch die Geschwindigkeit, mit der die Phasendiffusion erfolgt und durch die Stabilität des Laserresonators vorgegeben. Es sind eine Reihe von Experimenten zu dieser Problematik durchgeführt worden, die gezeigt haben, daß Interferenz mit verschiedenen Laserlichtquellen möglich ist. Es gelingt heute sogar, die Phase zwischen zwei Laserlichtquellen elektronisch zu stabilisieren. Mit diesem Verfahren können dann in der Tat zwei Laserlichtquellen für längere Zeit zur Interferenz gebracht werden. Es würde zu weit führen, alle Details hier zu diskutieren.

Die Quantenbehandlung der elektromagnetischen Strahlung birgt noch einen anderen Aspekt, den wir ebenfalls an der Darstellung in Abb. 32 zeigen können. Es ergibt sich nämlich, daß Amplitude und Phase des elektromagnetischen Feldes bei der Übertragung in die entsprechenden Quantengrößen einer Unschärfebeziehung gehorchen, die der Heisenbergschen Unschärferelation ähnlich ist. Ebenso wie der Ort und Impuls eines Teilchens nicht gleichzeitig beliebig genau gemessen werden können, verhält es sich auch mit der Phase und Amplitude eines Feldes. Die minimale Unschärfe, die erreichbar wird, ist diejenige, die durch eine Poisson-Verteilung für Phase und Amplitude vorgegeben ist. Diese Situation ist in Abb. 32

bereits angedeutet. Wir werden auf diesen Aspekt in Abschnitt 4.6 zurückkommen. Dort werden wir sehen, daß Abweichungen von der in Abb. 32 gezeigten Verteilung erreicht werden können, indem z. B. die Phase weniger stark unbestimmt ist als die Amplitude oder umgekehrt. Das Produkt zwischen Phasen- und Amplitudenunschärfe kann jedoch nicht kleiner werden als der Wert, der für kohärente Strahlung erhalten wird; dieser stellt das Minimum dar, das nach der Phasen-Amplituden-Unschärfe erlaubt ist.

4.4 Das Vakuum ist nicht leer

Die Quantentheorie des elektromagnetischen Feldes ist Ende der zwanziger Jahren von dem Engländer Paul A. M. Dirac, den Deutschen Ernst Pascual Jordan und Werner Heisenberg sowie dem Schweizer Wolfgang Pauli in den Grundzügen entwickelt worden. Die Tatsachen, die wir bisher über die nicht-klassische Strahlung diskutiert haben, basieren zwar auf diesen grundsätzlichen theoretischen Entwicklungen, sind jedoch erst in den letzten Jahren, vielfach bedingt durch die neuen experimentellen Möglichkeiten, vorangetrieben und in neue interessante Richtungen gelenkt worden. Die Ergebnisse zum nicht-klassischen Licht, die wir im Zusammenhang mit dem Hanbury-Brown-und-Twiss-Experiment diskutiert haben, zeigen dies deutlich. Ein interessantes Ergebnis, das bereits in den ersten Jahren, als die Quantisierung des Strahlungsfeldes noch neu war, entdeckt wurde, ist die Existenz des Vakuumfeldes. Dieses Vakuumfeld entspricht im Prinzip dem Fall, daß keine resultierende Energie des elektromagnetischen Feldes vorhanden ist, d. h. dem feldfreien Raum. Vorhanden sind jedoch kurzzeitige Feldfluktuationen, die auf die Atome einwirken können und eine Veränderung hervorrufen. Diese Vakuum-fluktuationen sind z. B. verantwortlich für die spontanen Übergänge der Atome. Es war bereits 1946 von dem Amerikaner E. Purcell vermutet worden, daß man durch die Manipulation des Vakuumfeldes die Lebensdauer angeregter Atome verändern kann, indem man die Vakuumfluktuationen bei den Übergangsfrequenzen des Atoms anhebt. Dies geschieht dadurch, daß die Eigenfrequenzen eines Resonators auf die Eigenfrequenz des Atoms abgestimmt werden. Man kann dies durch externe Resonatoren tun. Ein solcher Resonator hebt selektiv die Feldfluktuationen bei einer Resonanzfrequenz an und vergrößert so die Zerfallswahrscheinlichkeit eines Atoms, wenn die Eigenfrequenz des Resonators mit derjenigen des Atoms übereinstimmt. Dies ist in zahlreichen Experimenten in den letzten Jahren, an denen einer der Autoren dieses Buches beteiligt war, gezeigt worden. Es hat sich daraus ein neues Gebiet entwickelt, das heute unter dem Namen Resonator-Quantenelektrodynamik zusammengefaßt wird. Je nachdem, ob die Resonatorfrequenzen mit den atomaren Frequenzen übereinstimmen oder nicht, kann man die Lebensdauer eines angeregten Zustandes verkürzen oder verlängern. Dies kann im Bereich vieler Größenordnungen geschehen.

In den letzten Jahren wurden diese Phänomene in vielen Experimenten demonstriert. An diesen Versuche waren Arbeitsgruppen am California Institute of Technology, am Massachusetts Institute of Technology, an der Ecole Normale Superieur, an der Universität Müchen und am Max-Planck-Institut für Quantenoptik in Garching beteiligt. In München gelang es sogar, einen Maser, der nur mit einem einzelnen Atom betrieben wurde, zu realisieren. Die mit diesem Maser erzeugte Strahlung zeigt eine Statistik, die im nichtklassischen Bereich liegt. Die Details dieser Anordnung führen über das Ziel dieses Buches weit hinaus und werden deshalb hier nicht diskutiert.

Die Untersuchungen zur Resonator-Quantenelektrodynamik haben zu der interessanten praktischen Anwendung der Mikrolasersysteme geführt, die zwar nicht auf einzelnen Atomen beruhen, jedoch auf der Tatsache, daß die Spontanübergänge kontrolliert werden. Bei einem normalen Lasersystem bestimmen die Spontanübergänge einen Hauptteil der Verluste des Lasersystems; außerdem tragen sie, wie wir in Abschnitt 4.3 gesehen haben, zum Rauschen bei, d.h. zu den Phasen- und Amplitudenschwankungen, und sie bedingen so die Phasendiffusion des Laserlichts. Gelingt es, die spontane Emission zu kontrollieren, so läßt sich die Effizienz dieser Lasersysteme wesentlich erhöhen. Dies konnte in den Mikrolasersystemen, die zunächst mit Hilfe von Farbstoffen als Lasermedien aufgebaut worden sind, gezeigt werden. Mittlerweile gelang es auch, mit Halbleiter-Mikrostrukturen solche Mikrolaser zu realisieren. Die Pionierarbeit zu diesen Lasersystemen wurde bei NTT in Japan und bei Lucent Technology geleistet (siehe Abb. 33). Die Resonatoren dieser Laser haben einen Spiegelabstand, der ungefähr der Wellenlänge entspricht – neben einer Kontrolle der Spontanemission kommt es deshalb auch zu einer Modifikation der Winkelverteilung der emittierten Strahlung, die sich aus der Modenstruktur des Resonators niederer Ordnung ergibt (siehe dazu Abb. 34). Eine angehobene Spontanemission innerhalb eines solchen Mikroresonators führt deshalb bereits zu einer gerichteten Strahlung auch ohne stimulierte Prozesse, da die Emissionscharakteristik des Atoms, die im freien Raum einer Dipolcharakteristik entspricht, durch den Resonator geändert wird. Die Mikrolaser werden heute bereits in der Kommunikation eingesetzt. Da sie eine hohe Effizienz haben, sind die Wärmeverluste so klein, daß sich viele Laser auf kleinem Raum zusammenbringen lassen, was sie insbesondere auch für Displays geeignet macht.

4.5 Nichtklassisches Licht

Wie wir bereits in Abschnitt 4.3 diskutiert haben, ergibt die Quantenbehandlung des elektromagnetischen Feldes, daß es eine Unschärfebeziehung zwischen der Amplitude eines elektromagnetischen Feldes und seiner Phase gibt. Diese ist ähnlich wie die von Heisenberg eingeführte Unschärfe zwischen Ort und Impuls eines Teilchens. Beide Größen können gleichzeitig nicht beliebig genau gemessen werden. Ähnlich verhält es sich mit der Amplitude und der Phase eines Feldes. Wir wollen dies im folgenden etwas genauer erläutern. Um diesen Zusammenhang besser zu verstehen, verwenden wir wieder das Zeigerdiagramm, das wir schon in Abschnitt 4.3 eingeführt und

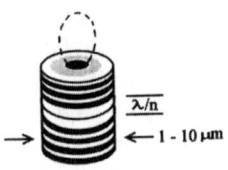

Abb. 33: Mikrolasersystem. Der Licht emittierende pn-Übergang ist in einem Bereich, der mit der Größe einer Wellenlänge (λ/n im Medium mit Brechungsindex n) vergleichbar ist, lokalisiert. Die übrigen Strukturen darunter und darüber dienen als Spiegel für den Laser.

Emission im freien Raum

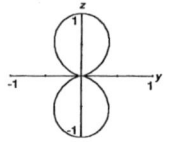

Spiegel-Abstand 3.5 λ

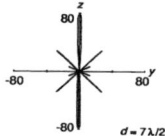

Spiegel-Abstand 0.5 λ

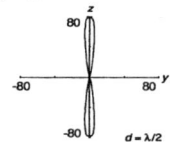

Abb. 34: Die Emissionscharakteristik eines Atoms bei spontanen Übergängen wird durch einen externen Resonator geändert. Das Bild ganz oben entspricht der Winkelverteilung eines Dipols, der in y-Richtung schwingt. Es wird maximale Intensität in z-Richtung ausgestrahlt und praktisch keine Intensität in y-Richtung. Durch einen externen Resonator ändert sich die Ausstrahlungscharakteristik wie bei den beiden anderen Bildern angegeben. Bei einem Abstand der Resonatorspiegel, der $\lambda/2$ beträgt (unteres Bild) wird in einer schmalen Keule in z-Richtung emittiert. Das Licht ist also bereits stark ausgerichtet, auch wenn die stimulierte Strahlung noch keine Rolle spielt.

benutzt haben. Es ist eine zweidimensionale Darstellung, da wir gleichzeitig zwei Größen betrachten. Die beiden Koordinatenrichtungen bezeichnen wir mit $\hat{x}$ und $\hat{y}$. Ein Punkt in dieser Ebene gibt Amplitude und Phase einer Schwingung wieder. Dabei entspricht der Abstand vom Koordinatenursprung der Amplitude, und der Winkel φ zwischen Verbindungslinie und $\hat{x}$-Achse bedeutet die Phase. Alle denkbaren klassischen Wellen können durch einen Punkt in dieser Ebene dargestellt werden.

Beim Übergang zur Quantenvorstellung wird die Situation etwas anders, da eine Messung keinen festen Wert der Amplitude mehr ergibt. Das Zählen von Photonen ist einem statistischen Verhalten unterworfen, so daß sich die Zahl der Photonen pro Zeitintervall um einen Mittelwert ändert, der erst nach sehr langer Messung gewonnen wird. Das gleiche gilt auch für die Phasenmessung. Die Konsequenz davon ist, daß ein Punkt in der $\hat{x}\hat{y}$-Ebene zu einer unscharfen Verteilung wird, die der oben erwähnten Unschärferelation entspricht. Die Verteilung ist dabei so, daß bei einer extrem konstanten Lichtquelle mehr Messungen in der Nähe des klassischen Wertes erhalten werden; nach außen nehmen sie dann ab, wie dies durch die Grauabstufung in Abb. 35 angedeutet wird. Die quantenmechanische Behandlung einer klassischen kohärenten Welle ergibt, wie oben bereits erwähnt, eine Scheibe als Ergebnis mit gleichmäßiger Verteilung der Unschärfe auf Phase und Amplitude. Die Darstellung in Abb. 35a entspricht Laserlicht, wobei angenommen wird, daß der Laser idealerweise konstante Intensität aussendet.

Die quantenmechanische Behandlung läßt nunmehr auch zu, daß die Unschärfe ungleichmäßig auf Amplitude und Phase verteilt ist. Es muß deshalb auch zugelassen werden, daß die Möglichkeiten, die im rechten Teil der Abb. 35b und c angedeutet sind, existieren. Dies bedeutet, daß wie bei der Unschärferelation zwischen Teilchenort und Teilchenimpuls auch eine Variable genauer auf Kosten der anderen gemessen werden kann. Man nennt dieses Licht „gequetschtes" Licht (engl.: squeezed light) bzw. nichtklassisches Licht, da es kein klassisches Analogon hat und nur in einer Quantenbetrachtung exi-

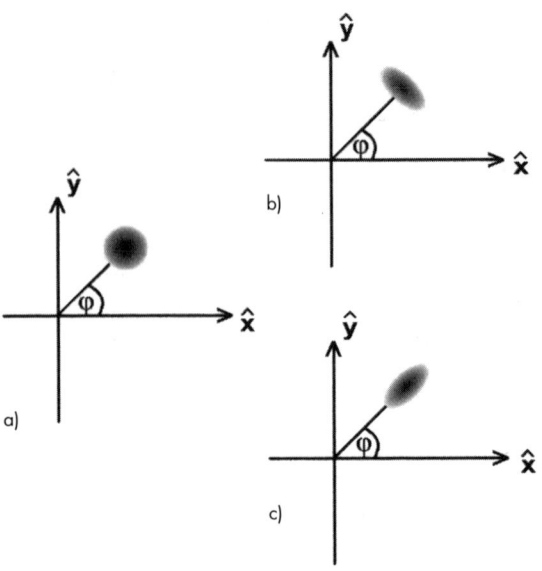

Abb. 35: Amplituden- und Phasendiagramm für kohärentes Licht. (a) Dieses Bild entspricht Abb. 32. Die Teilabbildungen b und c zeigen die Diagramme für nichtklassisches Licht. Bei b ist die Phasenschwankung größer als für die kohärente Strahlung, entsprechend wird die Amplitudenschwankung geringer als in a. In Teilbild c ist dies umgekehrt: die Phasenschwankungen sind kleiner als die Amplitudenschwankungen.

stiert. Es ist gelungen, solches Licht tatsächlich herzustellen. Vorwiegend werden optisch-nichtlineare Prozesse herangezogen (vgl. Abschnitt 3.3). Zur Veranschaulichung können wir uns vorstellen, daß im optisch nichtlinearen Prozeß Intensitätsschwankungen ausgeglichen werden, da nur neue Photonen entstehen, wenn die Intensität besonders hoch ist, was zu einer Verminderung der Schwankungen führt.

Nachdem nichtklassisches Licht Mitte der achtziger Jahre erstmals erzeugt worden war, hat man zunächst geglaubt, daß es viele Anwendungen finden wird. Es zeigte sich jedoch bald, daß die geringen Amplituden und Phasenschwankungen z. B. zu einer Nachrichtenübertragung nicht voll ausgenutzt werden können, da nichtklassisches Licht extrem leicht zerstört werden kann. Verlustprozesse verändern z.B. sehr schnell die besonderen Eigenschaften. Das reduzierte Rauschen wird z.B. dadurch vergrößert, daß durch Verluste die Folge der Photonen verändert wird, die dann wieder auf den Wert einer kohärenten Welle zurückführen (siehe auch Abb. 30).

Nichtklassisches Licht eines einzelnen Ions

Der grundlegende Prozeß der Strahlungs-Atom-Wechselwirkung ist die Resonanzfluoreszenz von Atomen. Mit Hilfe eingefangener Ionen lassen sich zu dieser Thematik neue Erkenntnisse gewinnen, die im folgenden kurz diskutiert werden.

Wir haben gesehen, daß die Poisson-Verteilung die kleinsten Schwankungen darstellt, die mit einer klassischen kohärenten Welle erzeugt werden können. Nach der Quantenphysik sind Photonenfolgen möglich, für die es kein klassisches Analogon gibt. So ist z.B. quantenmechanisch eine völlig gleichmäßige Folge von Photonen erlaubt (siehe Abb. 29). Die Intensität zeigt dann eine wesentlich geringere Schwankung als dies einer Poisson-Verteilung entspricht, d.h., es handelt sich um eine Sub-Poisson-Verteilung. Strahlungsquellen mit dieser Statistik zeigen also wesentlich geringere Amplitudenschwankungen als eine kohärente Quelle.

Es sind in der Quantenoptik Strahlungsquellen gefunden worden, die Strahlung mit diesen besonders geringen Schwankungen aussenden. Diese wurden im ersten Teil dieses Kapitels angesprochen. Ein einzelnes in einer Elektrodenanordnung gespeichertes Ion ist ein weiteres Beispiel dafür. Dies kann man folgendermaßen verstehen: Wird das Ion durch Laserlicht angeregt und in einen energiereichen Zustand gebracht, so erfolgt nach der Lebensdauer des angeregten Zustands die Emission eines Photons. Ein weiteres Photon kann erst dann ausgestrahlt werden, nachdem das eingefangene Ion wieder angeregt wurde. Durch die Anregungs- und Zerfallsprozesse wird ein Zeitintervall zwischen zwei aufeinanderfolgenden Photonenemissionen geschaltet – die Photonen werden in annähernd gleichen Zeitintervallen emittiert. In Abb. 36 ist

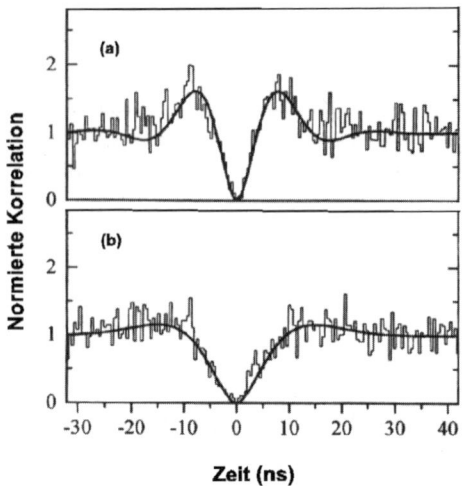

Zeit (ns)

Abb. 36: Ergebnis eines Hanbury-Brown-und-Twiss-Experimentes mit dem Licht eines einzelnen Ions. Aufgetragen ist die normierte Intensitätskorrelation. Die Bilder a und b wurden mit verschiedenen Laserintensitäten aufgenommen. Mit der höheren Intensität (Teil a) steigt deshalb die Wahrscheinlichkeit, daß ein zweites Photon auf ein erstes folgt, schneller als bei geringer Intensität (Teil b). Negative Zeiten bedeuten hier, daß der Meßvorgang vom Signal des Detektors 2 ausgelöst wird und nicht von Detektor 1 wie normalerweise. Durch dieses Umtauschen kann überprüft werden, ob die Meßkurve symmetrisch zum Zeitnullpunkt ist. (Siehe zum Vergleich die Beschreibung des Hanbury-Brown-Twiss-Experimentes in Abschnitt 4.2.)

das Ergebnis eines Hanbury-Brown-und-Twiss-Experimentes für ein einzelnes Ion gezeigt. Die Photonenstatistik zeigt Anti-Bunching, d. h. eine nichtklassische Verteilung.

Ein weiterer wichtiger Aspekt neben der Photonenstatistik ist die spektrale Verteilung der Resonanzfluoreszenz. Ein eingefangenes und gekühltes Ion hat keine Dopplerbreite mehr, die Linienbreite ist deshalb nur durch den Wechselwirkungsprozeß mit der Strahlung gegeben. Hier ergibt sich nunmehr die Aussage der Theorie, daß die spektrale Breite der Fluoreszenz nur durch die Linienbreite des Lasers bestimmt wird, der

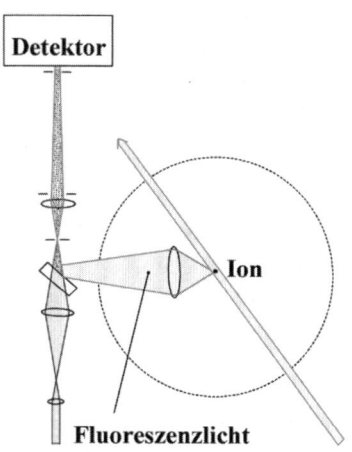

Detektor

Ion

Fluoreszenzlicht

Referenz-Laserstrahl   **Laserstrahl**

Abb. 37: Messung des Spektrums des Fluoreszenzlichtes eines einzelnen Ions. Das Licht wird mit einem Referenz-Laserstrahl überlagert und das Schwebungssignal zwischen Fluoreszenzlicht und Laserlicht mit einem schmalbandigen Signalverstärker nachgewiesen. Dieses Prinzip entspricht dem Verfahren, das auch in Radioempfängern eingesetzt wird. Hierdurch kann eine Auflösung erreicht werden, die mit der Laserlinienbreite vergleichbar ist. Im vorliegenden Experiment betrug sie 0.5 Hz.

zur Anregung der Resonanzfluoreszenz verwendet wird. Im wesentlichen kann dies bei schwacher Anregung aus Argumenten, die mit der Energieerhaltung im Zusammenhang stehen, geschlossen werden. Die Linienbreite, die hierbei erwartet wird, ist natürlich kleiner als die Auflösung, die durch die besten Spektralapparate bereitgestellt wird – eine besondere Herausforderung für die Meßtechnik.

Eine Möglichkeit der Messung ergibt sich durch ein Verfahren, das in der Radiotechnik eingesetzt wird: das Heterodyn-Verfahren. Das Schema der Messung ist in Abb. 37 gezeigt. Hierbei wird das zu messende Licht mit einem frequenzverschobenen Anteil überlagert und gemessen. Die spektrale Breite ist dabei durch die spektrale Breite des frequenzverschobenen Anteils, den lokalen Oszillator, gegeben. In der Radiotechnik funktioniert dieses Verfahren ausgezeichnet, und alle unsere hochwertigen Radio-Empfänger beruhen auf diesem Prinzip. Es ist gelungen, mit dem schwachen Lichtstrom, der in der Resonanzfluoreszenz eines einzelnen Ions erhalten wird, ein solches Heterodyn-Experiment durchzuführen. Als Lokaloszillator wurde hierbei ein frequenzverschobenes Seitenband des anregenden Laserlichts verwendet. Diese Messungen haben ergeben, daß die Linienbreite der Resonanzfluoreszenz mit der Linienbreite des anregenden Lasers übereinstimmt.

Es ergibt sich somit folgende Situation: Einerseits beobachtet man einen Photonenstrom mit Photonen in gleichmäßigen Zeitabständen und andererseits eine monochromatische Welle, wenn unter hoher spektraler Auflösung gemessen wird. Beide Ergebnisse spiegeln den wichtigen Grundsatz der Quantenphysik wieder, den man Komplementarität nennt und den wir bereits früher diskutiert haben. Beobachtet man die der klassischen Physik entsprechenden Wellenerscheinung (Heterodyn-Experiment), dann verhält sich das Atom wie ein klassischer Oszillator; bei der Beobachtung der „Teilchen" oder Photonen (die eine quantenmechanische Erscheinung darstellen) erhält man das Verhalten eines quantenmechanischen Atoms, und die quantenmechanischen Aspekte des Atoms kommen in der Sub-Poisson-Statistik zum Vorschein. Mit der Art der Beobachtung offenbart sich somit entweder ein klassisches Atom oder ein quantenmechanisches Atom, abhängig von der Art der Beobachtung. An einem einfachen Beispiel wird somit ein wichtiger Aspekt des physikalischen Meßprozesses offensichtlich, gleichzeitig erhält man grundlegende Einblicke in die Phänomene der Strahlungs-Atom-Wechselwirkung.

4.6 Experimente mit Photonenpaaren

In diesem Abschnitt wollen wir Experimente diskutieren, die Ende der 80er Jahre möglich geworden sind und die im Prinzip als Interferenzexperimente neuer Art verstanden werden können. Es handelt sich hier in der Tat um eine Interferenz von Photonen und nicht von Wellen. Man spricht deshalb auch von Quanteninterferenz. Um diese Art von Experimenten durchzuführen, benötigt man Photonen, die gleichzeitig entstehen und gleiche Wellenlänge haben. Ein solches Photonenpaar kann man durch die Emission von Atomen nicht erhalten. Ein Verfahren hierfür liefert die nichtlineare Optik, die wir schon in Abschnitt 3.3 angesprochen haben. Das Phänomen, das der Erzeugung von Photonenpaaren zugrunde liegt, ist der parametrische Prozeß, bei dem ein ankommendes Photon in zwei mit halber Frequenz aufgeteilt wird. Der für uns hier interessante Fall bezieht sich auf ein Photonenpaar, das völlig gleiche Energie, d.h. gleiche Wellenlänge bzw. Frequenz, besitzt. In diesem Fall stimmen also Signalwelle und Idlerwelle exakt überein. Man spricht in diesem Sonderfall vom entarteten parametrischen Prozeß.

Um diesen Vorgang zu erläutern, verweisen wir auf die Tafel 10 und den oberen Teil der Abb. 38. Eingestrahlt wird bei dem gezeigten Beispiel ultraviolettes Laserlicht, das dann in sichtbares Licht umgewandelt wird. Die parametrische Strahlung mit der gleichen Wellenlänge ist jeweils auf einem Kreis zu sehen (Tafel 10). Ausgestrahlt wird jeweils die gleiche Farbe entlang einer Kegelfläche. Werden die Photonen, die auf gegenüberliegenden Punkten ankommen, herausgegriffen, so kommen wir zu den Photonenpaaren, die in den hier diskutierten Experimenten eine Rolle spielen.

Wir haben bei der Diskussion der klassischen Interferenz gesehen, daß diese Erscheinungen dann eintreten, wenn zwei Wellen auf zwei verschiedenen Wegen zu einem Auffänger gelangen und sich dort überlagern. Man erhält Intensitätsmaxima oder -minima je nachdem, ob sich Wellenberge oder Wellental und Wellenberg überlagern. Es hängt also entscheidend davon ab, wie die Phasenlage der überlagernden Wellen zueinander ist. In der Quantenmechanik muß die Interferenz etwas allgemeiner gesehen werden. Hat ein Vorgang die Möglichkeit, über zwei verschiedene Wege abzulaufen, so beobachtet man im Ergebnis eine Schwebungserscheinung, die durch

Parameter beeinflußt werden kann, die auf einen der beiden Wege einwirken.

Dieses allgemeine Prinzip macht es möglich, daß neuartige Interferenzexperimente mit Photonenpaaren möglich werden. Das Experiment wird so ausgeführt, wie es in Abb. 38 unten erläutert ist. Jedes Photon des Paares kann beide Detektoren erreichen. Werden deshalb zwei Photonen in den beiden Detektoren gleichzeitig nachgewiesen, so kann dies von zwei Prozessen herrühren:

Photon A → Detektor 1
und Photon B → Detektor 2
oder Photon B → Detektor 1
und Photon A → Detektor 2

Die Überlagerung beider Möglichkeiten führt zur Interferenz. Bei diesem Experiment ergibt nur die Quantenbehandlung das richtige Ergebnis. Die klassische Rechnung ergibt ein falsches Ergebnis, da bei ihr eine Feldstärke des Ausgangsfeldes auf beiden Detektoren vorhanden ist, der Nachweis eines Photons jedoch nur in einem der beiden Detektoren erfolgen kann.

4.7 Experimente mit verschränkten Photonen

Die Photonenpaare, die wir im letzten Abschnitt diskutiert haben, sind durch ihre Energie (Frequenz) und durch ihre Emissionsrichtung miteinander gekoppelt. Diese Kopplung resultiert aus dem Erzeugungsprozeß und ist eine Folge der Erhaltungssätze für Energie und Impuls, die wir bereits in Abschnitt 3.3 diskutiert haben. Wird deshalb ein Photon mit bestimmter Energie auf der linken Seite des Kristalls (Tafel 10) nachgewiesen, so wissen wir, daß ein gleichartiges zur gleichen Zeit auf der gegenüberliegenden Seite ebenfalls entstanden ist. Wir wissen dies, ohne daß eine Messung durchgeführt wird, einzig, da der Erzeugungsprozeß dies bedingt. Erwin Schrödinger hat für diese Situation die Sprechweise eingeführt, daß die beiden Photonen verschränkt sind oder sich in einem verschränkten Zustand befinden. Sie „gehen" sozusagen Arm in

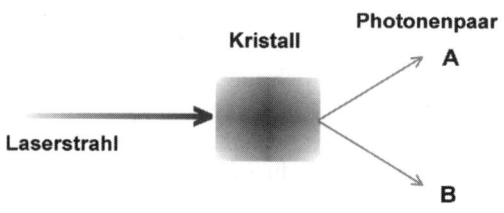

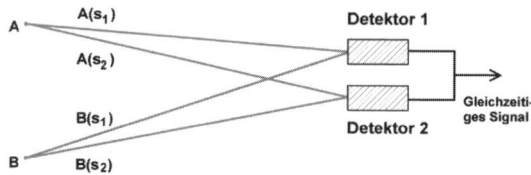

Abb. 38: Experimente mit Photonenpaaren. Der obere Teil des Bildes zeigt die Erzeugung der Photonenpaare durch einen optisch nichtlinearen Kristall. Der einfallende Strahl liegt im ultravioletten Bereich. Die Photonenpaare (Strahl A und B) sind dann im sichtbaren Bereich (hier im grünen Spektralbereich). Siehe auch Tafel 10. Der untere Teil des Bildes zeigt die Interferenzanordnung. Beide Detektoren können sowohl durch ein Photon vom Typ A bzw. B getroffen werden, dies führt zur Interferenz als Funktion des Abstandes zwischen beiden Detektoren (Verschiebung in vertikaler Richtung). (Anordnung von L. Mandel, University of Rochester)

Arm, obwohl sie räumlich getrennt voneinander sind. Diese Situation ist außerordentlich interessant, da es sich um einen nichtlokalen Zustand der beiden Photonen handelt. Ein solcher nichtlokaler Zustand existiert nicht in der klassischen Physik, deshalb wollen wir hier noch einige Besonderheiten und Anwendungen diskutieren.

Wir wollen zunächst das Experiment in der Weise erweitern, daß wir auch den Polarisationszustand der beiden Photonen verschränken. Dies geschieht so, daß die beiden Photonen eine entgegengesetzte Polarisation (Richtung horizontal oder vertikal) besitzen. Im Experiment geht man dabei folgendermaßen vor: Man wählt eine Kristallorientierung, so daß der parametrische Prozeß nunmehr auf zwei Kegeln erfolgt. Einer davon entspricht einer Polarisation in vertikaler Richtung und der andere der horizontalen Richtung. Schnitte durch diese Kegel sind in Abb. 39 gezeigt. Wir blicken für diese Aufnahme wiederum dem Licht entgegen. Es handelt sich dabei um Licht der gleichen Frequenz. Man sieht in der Aufnahme, daß es zwei Zonen gibt, wo sich beide Ringe überschneiden. In diesen beiden Punkten können deshalb die Photonen sowohl vertikal als auch horizontal polarisiert sein. Es ergibt sich nunmehr die folgende interessante Situation: Wird am linken Überschneidungspunkt ein Photon mit vertikaler Polarisation gemessen, so muß auf der rechten Seite eine horizontale Polarisation vorliegen und umgekehrt. Mit der Messung an der linken Seite wird deshalb das Ergebnis an der rechten Seite vorherbestimmt. Dies hat zu vielen philosophischen Diskussionen in der Vergangenheit geführt, da diese Situation der klassischen Physik widerspricht. Dies liegt an der Tatsache, daß im Prinzip beide Messungen an Orten durchgeführt werden können, die beliebig weit voneinander entfernt sind, und doch bestimmt die eine Messung die andere unmittelbar. Dies ist eine scheinbare Verletzung der Kausalität, die in der klassischen Physik streng gilt. Die Diskussion um diese Problematik begann mit umfangreichen Debatten zwischen Einstein und Bohr. Um die klassischen Erwartungen zu retten, wurde von einigen Physikern dann in der Folgezeit angenommen, daß der Ausgang der Messungen durch hypothetische „verborgene" Parameter vorherbestimmt wird, die jedoch nicht zugänglich sind. Es ist in vielen Experimenten, unter anderem auch mit Photonenpaaren, die durch den beschriebenen parametrischen Prozeß erzeugt worden sind, bewiesen worden, daß solche verborgenen Parameter nicht existieren und die Gesetze der Quantenmechanik voll gültig sind. Das erste Experiment dieser Art wurde 1935 von Einstein, Podolsky und Rosen vorgeschlagen. Deshalb werden diese Experimente nach den Anfangsbuchstaben der Autoren vielfach als EPR-Experimente bezeichnet.

Allerdings sollte hier der Vollständigkeit halber angemerkt werden, daß diese Experimente z. Zt. noch nicht ganz hun-

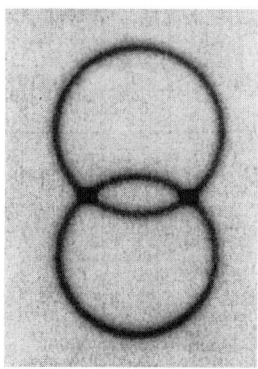

Abb. 39: Erzeugung eines verschränkten Photonenpaares. Bei dieser Kristallanordnung werden für eine bestimmte Wellenlänge zwei Ringe erzeugt, die entgegengesetzt polarisiert sind. Das Licht des oberen Ringes ist horizontal und das des unteren vertikal polarisiert. Im Überschneidungsbereich kann deshalb sowohl horizontal also auch vertikale Polarisation auftreten.

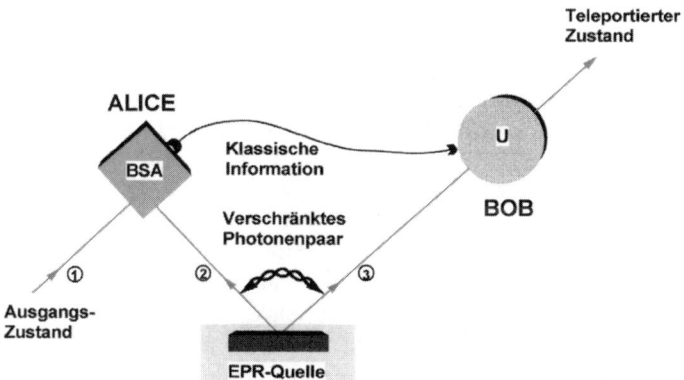

Abb. 40: Nachrichtenübertragung mit Hilfe von verschränkten Photonenpaaren. Die EPR-Quelle erzeugt verschränkte Photonenpaare, die auf Alice und Bob verteilt werden. Die Analyse des Photons (1) mit Hilfe von (2) wird dann als klassische Information an Bob, den Empfänger des Photons (3), geschickt. Dieser kann dann der Nachricht entsprechend das ankommende Photon (3) so verändern, daß es den gleichen Zustand besitzt wie das Photon (1). Das Bild zeigt den Aufbau der Gruppe von A. Zeilinger an der Universität Innsbruck.

dertprozentig gesichert sind, da die Nachweisempfindlichkeit der Detektoren für Photonen noch von 100% abweicht. Es wird deshalb versucht, ähnliche Experimente mit verschränkten Atomen durchzuführen, die mit hundertprozentiger Sicherheit nachgewiesen werden können.

Es ist reizvoll, die von verschränkten Photonen repräsentierten nichtlokalen Zustände über größere Distanzen zu beobachten. Experimente dieser Art sind von dem Schweizer N. Gisin durchgeführt worden. Er hat zu diesem Zweck die Lichtleiterfasern der Schweizerischen Telekom verwendet. Die Detektoren, mit denen die verschränkten Photonenpaare nachgewiesen worden sind, waren dabei etwa 10 km voneinander entfernt. Die gefundenen Ergebnisse entsprachen den Erwartungen der Quantenphysik.

Eine interessante Frage ist, ob verschränkte Photonen auch zur Nachrichtenübertragung eingesetzt werden können. Diese Frage hat in den letzten Jahren sehr viele Diskussionen ausgelöst. Begonnen hat diese Überlegungen der Amerikaner C. Bennett. Vor etwas mehr als einem Jahr sind zu dieser Problematik die ersten vielbeachteten Experimente durchgeführt worden. Es waren drei Gruppen an den Universitäten Rom und Innsbruck und eine Gruppe am California Institute of Technology beteiligt. Das Prinzip dieser Anordnungen ist in Abb. 40 gezeigt. Traditionell wird in der Literatur zur Quanteninformation eine Nachricht stets von Alice zu Bob übermittelt. Ein verschränktes Photonenpaar (Photonen 2 und 3) kommt dabei von einer gesonderten Quelle. Ein zusätzliches Photon (1) wird von Alice mit Hilfe des anderen Photons des verschränkten Paares (2) analysiert und das Ergebnis an Bob in klassischer Form weitergegeben. Da es sich um ein verschränktes Photonenpaar handelt, wird durch die Messung von Alice schon festgelegt, was Bob messen wird. Es besteht somit sogar die Möglichkeit, daß Bob das ankommende Photon (3) so verändert (Änderung der Polarisation), daß es dem Photon (1) entspricht. Das Ergebnis ist so, als wäre das Photon von Alice zu Bob durch Teleportation weitergegeben worden. Es wird also die vollständige

Information, die in einem Photon enthalten ist (der Quantenzustand), weitergegeben, und zwar durch das Übertragen einer klassischen Information zwischen Alice und Bob. Dieses Experiment deutet neue Möglichkeiten einer Quanteninformationsübertragung an, deren Tragweite heute schwer vorhergesagt werden kann. Interessant ist, daß offensichtlich die Quanteneigenschaften das Potential haben, auch in die Domäne der Kommunikation vorzudringen.

5. Schlußbemerkung

Mit diesem Buch haben wir versucht zu zeigen, daß die Optik und insbesondere die Quantenoptik ein sehr lebendiges Gebiet der Physik ist. Im nächsten Jahr wird die Entdeckung der Quantenphänomene 100 Jahre alt. Die grundlegenden Aspekte sind vom Formalismus her klar und detailliert ausgearbeitet, jedoch gibt es immer noch Fakten, die überraschend und intuitiv schwer einsehbar sind. Die Tatsache, daß viele Dinge dem Zufall überlassen werden, hat nicht nur Einstein immer wieder gestört. In letzter Zeit werden immer mehr Anwendungen der Quantenphänomene in der Technik diskutiert, so z.B. der Quantencomputer oder die Kommunikation mit einzelnen Photonen oder verschränkten Photonen. Es könnte durchaus sein, daß das kommende Jahrhundert diese Anwendungen zur Routine werden läßt, genauso wie die Grundlagen der klassischen Physik die Technik in diesem Jahrhundert bestimmt haben. Noch in einem anderen Bereich werden die Quantenphänomene wichtig werden: in der Mikroelektronik. Die Strukturen der Mikroelektronik werden immer kleiner und kleiner. Sie nehmen Dimensionen an, daß sie in die Größenordnung der De-Broglie-Wellenlänge der Elektronen kommen. Mit steigender Miniaturisierung werden deshalb Quanteneffekte wie z.B. der Tunneleffekt einen steigenden Einfluß gewinnen, so daß auch in diesem Bereich die Quantenphänomene eine wichtige Rolle spielen werden.

Zu Beginn dieses Jahrhunderts haben die Physiker geglaubt, die Physik sei ausgeforscht. Dann kam die Quantentheorie, und daraus entwickelte sich die Quantenelektrodynamik und die Quantenfeldtheorie. Diese Entwicklung zeigt, daß Vorhersagen über zukünftige Entwicklungen der Physik praktisch nicht möglich sind. Das Wechselspiel zwischen neuen theoretischen Vorstellungen und den experimentellen Möglichkeiten wird die Faszination der Physik weiterbestehen lassen. Wir können davon ausgehen, daß auch das nächste Jahrhundert wiederum sehr viele Überraschungen für die Physik bereithält, von denen wir heute noch keine Vorstellung haben, und es ist zu erwarten, daß Phänomene der Mikrowelt, die uns heute noch teilweise als intuitiv schwer erfaßbar erscheinen, dann zum festen Bestandteil unserer Erkenntnis geworden sind.

6. Sachregister

Absorption 13, 27, 55, 58f., 75
Anti-Bunching 110f., 124
Atmosphäre 43
Atomuhr 83f.

Beugung 44ff., 48, 75
Bohrsches Atommodell 27
Bose-Einstein-Kondensat 108
Bose-Einstein-Statistik 106–110
Brechung 34–42, 75, Tafel 1
Brechungsindex 34–44, 59, 70, 77,
   Tafel 1
Bremsstrahlung 31
Brennweite 40
Brewsterwinkel 38f.
Bunching 104, 106, 110

Cäsium-Uhr 83f.

De-Broglie-Wellenlänge 16, 108, 133
Diodenlaser 66f.
Dipol, elektrischer 19ff., 28, 38f.
Dispersion 40, 42, 59, 70, 76
Doppelbrechung 13, 39, 77f.
Doppelspalt-Interferenzexperiment
   49

Einzelphotonenexperimente 94ff.,
   Tafel 9
Einzelphotoneninterferenz 92–97
elektromagnetische Wellen 15, 17ff.,
   25, 30, 34, 75, 88
Emission, spontane 28, 59, 119
Emission, stimulierte 28, 55, 59
Energieerhaltung 50, 76, 78, 125,
   128
Energiequantisierung 24, 27, 29
EPR-Experimente 130

Fabry-Perot-Anordnung 61
Farbstofflaser 63–66, 70
Fata Morgana 40f.
Fraunhoferbeugung 45, 47
Fraunhofer-Linien 13
Frequenz 25, 29f., 32, 63, 65f., 68,
   70, 75

Frequenzverdopplung 77
Fresnelbeugung 45
Fresnel-Gleichungen 36

Gasentladungslampe 28, 48, 51, 57
Gaslaser 56ff., 63f.
GEO600 90f.
gequetsches Licht 121
Glühbirne 22f., 48, 52
Gravitationswelleninterferometer 88

Halbleiterlaser 64, 67
Halo 44, Tafel 3
Hanbury-Brown-und-Twiss-Experiment
   104ff., 109f., 117, 124
Hanbury-Brown-und-Twiss-Sterninter-
   ferometer 98f., 101f.
Heterodyn-Experiment 126
Holographie 91
Huygensches Prinzip 11–14, 45, 77

Impulserhaltung 76, 128
Informationsübertragung 79ff.
Intensitätsinterferometer 100ff.
Intensitätskorrelation 102f., 110,
   124
Intensitätsschwankungen 99f., 105,
   111–114, 122
Interferenz 11ff., 16f., 46–53, 80,
   92–97, 114
Interferenzexperimente 13, 46, 48f.
 – mit Photonenpaaren 126–133
Ionenfalle 83–88, Tafel 5, 7

Kohärenz 46–53, 76
Komplementarität 92, 96, 126

Laser 28, 30, 53–75, 82, 84f., 87,
   89–92, 111f., 116, 118–121, Tafel
   4, 6, 8
Laserdioden 68
Lichtfasern 79ff.
Lichtpulse, ultrakurze 68
Lichtquant 25, 92, 107
Linienspektrum 26
Luftspiegelungen 40f.

Maser 56, 60ff., 118
Materiewelle 16f.
Maxwellsche Gleichungen 15
Michelson-Interferometer 50–53, 89, 93
Michelson-Sterninferometer 98f., 102
Mikrowellen 18f., 59, 80
Moden-Kopplung 70f.

Nachrichtenübertragung 62, 79ff., 112, 122, 131f.
Nd:YAG-Laser 64
nichtklassisches Licht 30, 54, 112, 119–126
nichtlineare Optik 75–78

Optischer Parametrischer Oszillator 78

Periode 32
Phase 32, 48–52, 77, 113–117, 121f.
Phasendiffusion 115f.
Photodissoziation 73
Photoeffekt 15, 24, 92
Photoelektronen 25
Photonenbild 49, 52, 95
Photonenkorrelation 97–112
Photonenpaare 126–133, Tafel 10
Photonenstatistik 103f., 106, 109f., 124
Photosynthese 74
Plancksche Beziehung 26
Plancksche Konstante 15, 24, 27
Plancksche Strahlungsformel 58, 106f.
Poissonstatistik 115
Poisson-Verteilung 109, 111f., 116, 123
Polarisation 13, 31–34, 36–38, 69, 75ff., 129f.
Prisma 42, 70, Tafel 1

Quadrupolfalle 82
Quantencomputer 88
Quantenhypothese 15, 24ff., 107, 117
Quantenoptik 49, 92–133
Quantensprünge 27, 85f.

Radiowellen 18f.
Rayleigh-Streuung 43
Reflexion 35–38

Regenbogen 10, 31, 41ff., Tafel 2
Resonator 57f., 61–65, 67ff., 72, 116, 118ff.
Resonator-Quantenelektrodynamik 60, 118
Rubinlaser 55f.

Satellitennavigation 83f.
Schwarzer Körper 23
Schwingungen, elektrische 19
Sonnenuntergang 31, 43
Spektralanalyse 26, 52
Spektralfarben 11, 17ff., 25, 42f., 70, Tafel 1, 10
Spektralverteilung 23f.
Spektrum 17f., 24, 26f., 29, 78
squeezed light 121
Sterndurchmesser 98
Strahlteiler 50ff., 89, 109, 111
Superpositionsprinzip 10, 77
Synchrotronstrahlung 30

Teilchentheorie 11–14
Teleportation 132f.
Temperaturstrahler 22f., 26
Ti:Saphir-Laser 66, 70
Totalreflexion 36f., 42, 80

Ultraviolett-Katastrophe 24
Unschärferelation 96f., 116

Vakuumfeld 117
verborgene Parameter 130
Verbrennungsprozesse 68, 73
verschränkte Photonen 128–132

Wasserstoff 26
Welcher-Weg-Detektor 96f.
Welle 32
Wellenlänge 16–21, 23f., 32, 40, 43, 48, 61, 65, 68ff., 75, 77f., 127, Tafel 1
Wellentheorie 11–15
Wellenvektor 32

Youngsches Interferenzexperiment 49, 92–96, Tafel 9

Zeigerdiagramm 113f., 119, 121f.